Detectives
de la ciencia

EDICIÓN EN ESPAÑOL

DIRECCIÓN EDITORIAL TOMÁS GARCÍA CEREZO

EDITOR RESPONSABLE JORGE RAMÍREZ CHÁVEZ

TRADUCCIÓN MARIANELA SANTOVEÑA RODRÍGUEZ

CORRECCIÓN GRACIELA INIESTRA RAMÍREZ
ROBERTO GÓMEZ MARTÍNEZ

FORMACIÓN VISIÓN TIPOGRÁFICA EDITORES, S.A. DE C.V.

ADAPTACIÓN DE PORTADA CREATIVOS SA

© MMX Ediciones Larousse, S.A. de C.V.
Renacimiento 180, Col. San Juan Tlihuaca,
Deleg. Azcapotzalco, México, 02400, D.F.

ISBN: 978-607-21-0283-5

ISBN original: 978-0-19-911974-5
Text copyright © Oxford University Press 2010
Título original: *Science Detectives*
Science Detectives was originally published
in English in 2010. This edition is published by
arrangement with Oxford University Press.

Primera edición, diciembre de 2010

Larousse
Detectives
de la ciencia

Mike Goldsmith

Abriendo caminos

LAROUSSE

ÍNDICE DE CONTENIDOS

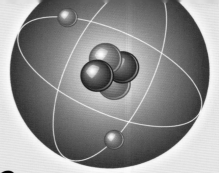

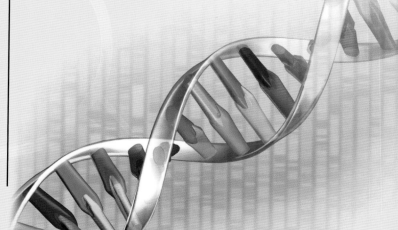

¿QUÉ ES LA CIENCIA?

DURANTE SIGLOS, LOS CIENTÍFICOS HAN ESTUDIADO EL MUNDO COMO SI FUERAN DETECTIVES: RECOLECTANDO PRUEBAS PARA SUS TEORÍAS. AL HACER ESTO, Y AL PERMITIR QUE TODOS ACCEDAN A ESE CONOCIMIENTO, HAN TRANSFORMADO EL MUNDO.

La ciencia es una herramienta increíblemente poderosa que nos ayuda a entender el Universo. La palabra también se refiere al conocimiento que obtenemos cuando utilizamos esa herramienta: "ciencia" viene del latín *scientia,* que significa conocimiento.

Las explicaciones científicas son especiales, ya que pueden ser confirmadas o desmentidas. Sólo son aceptadas por la mayoría después de ser cuidadosamente puestas a prueba. Esta capacidad para explicar lo que ocurre en el mundo que nos rodea le da a la ciencia un poder enorme.

▲ *Los científicos desarrollan teorías que explican una gran cantidad de cosas. La misma teoría que explica los relámpagos ayudó a los científicos a hacer focos.*

Newton afirmaba ver más allá que otros por estar "de pie sobre los hombros de gigantes".

Aun los mejores científicos sólo pueden trabajar con base en lo hecho por sus antecesores.

▲ *Algunos descubrimientos científicos se realizaron hace cientos de años. Por ejemplo, los chinos hallaron cómo hacer fuegos artificiales en el siglo XII.*

Los científicos usan el "método científico" para hacer descubrimientos. Esto implica poner a prueba sus ideas, o sea, medir, observar y ver si sus ideas explican lo ocurrido.

VIDAS TRANSFORMADAS

Es difícil imaginar un mundo sin ciencia. No tendríamos teléfonos móviles, reproductores MP3, computadoras o transportes, ni ropa adecuada. Sin la ciencia médica y sin la tecnología para proporcionarnos comida, la mayoría de nosotros ni siquiera estaríamos vivos. Pero la ciencia no sólo nos ayuda a sobrevivir, también es clave para comprendernos a nosotros mismos y al mundo en que vivimos. Los descubrimientos científicos nos dicen cómo se formó la Tierra a lo largo de millones de años, y nos permiten enviar personas y máquinas al espacio para explorar el Universo.

EL MUNDO DE LA CIENCIA

EL INMENSO MUNDO DE LA CIENCIA ABARCA MUCHOS TEMAS DISTINTOS. SIN EMBARGO, PUEDE DIVIDIRSE EN ESTAS RAMAS: FÍSICA, QUÍMICA, BIOLOGÍA Y MATEMÁTICAS.

El mundo de la ciencia nos ha llevado al de la tecnología: la física nos brinda vehículos; la química, ropa; la biología, comida, y las matemáticas, computadoras. Es también un mundo de personas. Algunas trabajan toda su vida como científicos. Pero observar las estrellas, dibujar plantas o coleccionar piedras también puede ser ciencia. Cualquiera puede ser científico, porque la ciencia no se trata de qué hagas, sino de cómo lo hagas.

▲ Los cohetes espaciales son piezas muy avanzadas de tecnología. Para que funcionen de forma correcta y segura hacen falta conocimientos de astronomía, física, química, biología y matemáticas.

◀ La electricidad estática, que hace que el cabello de esta niña se pare de punta, fue descrita hace miles de años por un científico griego llamado Tales.

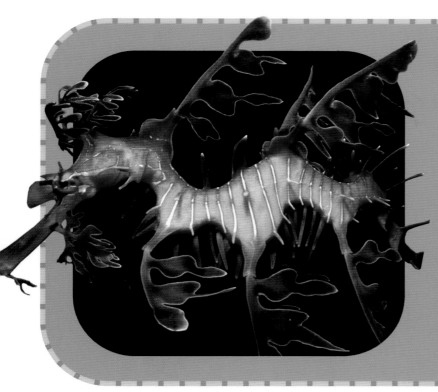

BIOLOGÍA

De todas las cosas que hay en el mundo, los seres vivos son los más difíciles de explicar. La biología los estudia, explica cómo funcionan sus cuerpos y cómo han evolucionado. La apariencia de este dragón marino foliado (izquierda) es muy distinta a la de una persona, pero ambos están hechos de químicos casi idénticos y sus cuerpos funcionan de forma muy similar. Los seres vivos comenzaron a diferenciarse hace millones de años, y evolucionaron para adaptarse al lugar donde vivían.

▶ La química no se trata sólo de sustancias y tubos de ensayo. Los análisis químicos de gases extraídos de los volcanes nos revelan algo sobre el misterioso interior de la Tierra.

MIRA DE CERCA

Las matemáticas son importantes. Uno de los misterios de la ciencia es por qué el mundo parece comportarse de la forma más simple que éstas son capaces de describir.

El Erecteion de la Acrópolis fue un templo construido para señalar el lugar donde la diosa griega Atenea triunfó sobre el dios Poseidón en una competencia por erigirse como patrono de la ciudad de Atenas.

EL NACIMIENTO DE LA CIENCIA

Ciencia y filosofía antiguas

LA CIENCIA SURGIÓ EN GRECIA HACE MÁS DE 2 000 AÑOS. NO OBSTANTE, LA MANERA DE INVESTIGAR DE LOS PENSADORES GRIEGOS ERA MUY DISTINTA A LA DE LOS CIENTÍFICOS DE HOY.

UN MUNDO DE APRENDIZAJE

LOS ANTIGUOS GRIEGOS IDEARON MUCHAS TEORÍAS SOBRE EL MUNDO EN EL QUE VIVÍAN. SIN EMBARGO, NO REALIZARON EXPERIMENTOS PARA AVERIGUAR CUÁLES ERAN CORRECTAS, COMO SE HACE HOY DÍA.

En cambio, preferían pasar el tiempo debatiendo sobre sus ideas. Hoy sabemos que gran parte de las ideas de los antiguos griegos sobre el mundo eran erróneas. Pero su planteamiento básico era que el Universo está regido por reglas esenciales que los humanos son capaces de comprender. Desde entonces, este principio fundamental es la clave para el estudio de la ciencia.

▼ *La biblioteca de Alejandría, en Egipto, fue construida e inaugurada por Tolomeo alrededor del año 300 a.n.e. Pretendía albergar todo el conocimiento del mundo y contenía muchos textos griegos.*

LA DIFUSIÓN DE LA CIENCIA

En el año 149 a.n.e. el Imperio romano conquistó Grecia. El desarrollo científico se hizo más lento, pero los romanos difundieron los descubrimientos griegos por toda Europa. Cuando el Imperio cayó, en 476 n.e., comenzó una "edad oscura" en Europa y casi no hubo progreso científico. Pero en Medio Oriente los textos científicos de Grecia e India fueron traducidos e inspiraron nuevos descubrimientos. China e India habían desarrollado su propia pericia científica durante siglos.

▲ Este mural del pintor italiano Rafael muestra la Escuela de Atenas, una academia fundada por el gran filósofo griego Platón.

MIRA DE CERCA

Fundada por Platón en 387 a.n.e. como un lugar para el debate, la Academia de Atenas es la antecesora de las universidades de hoy. La palabra "academia" significa "lugar de aprendizaje".

PITÁGORAS

PITÁGORAS ES FAMOSO POR HABER CREÍDO QUE "TODO ES UN NÚMERO". FUNDÓ UNA SECTA CUYOS SEGUIDORES, QUE AHORA LLAMAMOS PITAGÓRICOS, ERAN HOMBRES FASCINADOS POR LOS NÚMEROS Y LA GEOMETRÍA (LA CIENCIA DE LAS FIGURAS).

Los pitagóricos creían, con razón, que la Tierra era una esfera que giraba. Su secta no se parecía nada a un equipo actual de científicos. De hecho, muchas de las creencias de los pitagóricos eran más superstición que ciencia. No obstante, tanto la ciencia como la superstición pervivieron. La secta se volvió muy poderosa y aún existía un siglo más tarde. Los científicos de hoy todavía aceptan su idea de que los números sirven para explicar el Universo.

Pitágoras creía que todos los números pueden ser expresados en proporciones.

Por ejemplo, un cuarto es la proporción de 1 a 4, que se escribe así: $\frac{1}{4}$.

Un estudiante llamado Hipaso demostró que esto no siempre era válido, ¡y fue ejecutado!

▶ Pitágoras se dio cuenta de que las figuras simples pueden describirse en términos numéricos.

MIRA DE CERCA

Los pitagóricos tenían reglas raras. No comían frijoles, no se sentaban sobre vasijas de cierto tamaño y no dejaban que las golondrinas anidaran bajo sus techos.

◄ *Pitágoras descubrió que dos cuerdas punteadas al mismo tiempo, por ejemplo en un arpa, suenan armónicamente si sus longitudes están relacionadas por ciertos números.*

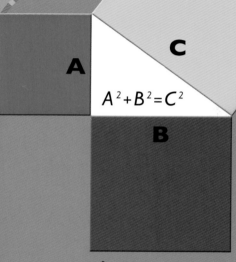

$$A^2 + B^2 = C^2$$

TRIÁNGULOS GRIEGOS

Pitágoras dedujo que es posible calcular la longitud de cualquier lado de un triángulo rectángulo si se conocen las longitudes de los otros dos lados. La suma de los cuadrados de los dos lados menores es igual al cuadrado de la longitud del lado mayor. Esta teoría, llamada Teorema de Pitágoras, contiene las ideas matemáticas de los cuadrados y las raíces cuadradas, elementos clave de las matemáticas de hoy. Los pitagóricos describieron un triángulo específico, que tenía lados de igual longitud, como "la fuente y raíz de la naturaleza eterna".

a.n.e.

c.580 Nace en la isla griega de Samos.

c.560 Visita al filósofo Tales, quien lo inicia en las ideas matemáticas.

c.550 Estudia con sacerdotes egipcios en Menfis, Egipto.

c.530 Se establece en Crotona, una colonia griega de Italia, y funda ahí una secta.

c.500 Huye de una persecución.

c.490 Muere en la ciudad griega de Metaponto.

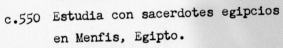

ARISTÓTELES

Hijo de un médico, Aristóteles se preguntaba sobre el mundo a su alrededor tratando de averiguar por qué sucedían las cosas. Aunque la mayoría de sus conclusiones fueron incorrectas, muchas fueron aceptadas durante siglos.

Aristóteles fue un filósofo que escribió sobre muchas ramas de la ciencia: física, biología, medicina y ciencias de la Tierra, entre otras. Su padre era médico personal del Rey Amintas de Macedonia, así que el joven fue educado como miembro de la aristocracia. Cuando cumplió 18 años fue enviado a Atenas para estudiar con Platón en su Academia. Él lo reconoció como su alumno más brillante y, más tarde, Aristóteles se convirtió en uno de los maestros y filósofos más influyentes de todos los tiempos.

▲ Este elaborado mosaico romano muestra al filósofo Platón en su Academia de Atenas. Platón está sentado bajo el árbol del centro rodeado por algunos de sus numerosos alumnos, incluido Aristóteles.

a.n.e.

384   Nace en Estagira, al norte de Grecia.

366   Viaja a Atenas para estudiar en la Academia de Platón.

347   Deja la Academia cuando muere Platón.

348-336   Viaja por Asia y es tutor de Alejandro Magno.

335   Funda una escuela en Atenas, el Liceo.

323   Huye de Atenas tras la muerte de Alejandro.

322   Muere en Grecia.

Aristóteles fundó su escuela en 335 a.n.e., el Liceo, y la dirigió por 12 años.

Su alumno favorito del Liceo fue Teofrasto, cuyo mayor interés fue la botánica.

Tras la muerte de Aristóteles, sus manuscritos originales quedaron en manos de Teofrasto.

MIRA DE CERCA

Los estudiantes del Liceo fueron conocidos como "peripatéticos", pues copiaron el hábito de Aristóteles de pasear mientras daba la lección.

▼ *Aristóteles (abajo a la derecha) enseña al joven Alejandro en la Corte de Filipo II de Macedonia.*

ARISTÓTELES Y ALEJANDRO

*C*uando dejó la Academia de Platón, Aristóteles viajó por Asia antes de casarse con la hija de Hermias de Atarneo, con quien tuvo una hija llamada Pitias. Alrededor de 343 a.n.e. el Rey Filipo II de Macedonia lo invitó a ser tutor de su joven hijo, Alejandro. Durante varios años, le enseñó al futuro Alejandro Magno retórica y literatura, ciencia, medicina y filosofía. Aristóteles le regaló una copia de la Ilíada, ésta fue una de las posesiones más preciadas del joven rey. Se dice que dormía con el libro —y una daga— bajo su almohada.

ARQUÍMEDES

ARQUÍMEDES NO FUE SÓLO UNO DE LOS MÁS GRANDES MATEMÁTICOS DE LA HISTORIA, TAMBIÉN FUE UN INVENTOR. VIVIÓ EN SIRACUSA, SICILIA.

Siracusa estuvo en guerra con Roma durante muchos años. Arquímedes ayudó en su defensa contra los barcos romanos inventando máquinas que los arrastraban fuera del agua o los hundían lanzándoles piedras.

Al final triunfaron los romanos, que irrumpieron en la ciudad mientras los guardias celebraban un día de fiesta. Marcelo, líder de los romanos, quería capturar vivo a Arquímedes, pero un soldado halló al científico cuando éste trabajaba arduamente sobre un problema matemático en la arena. Arquímedes le hizo señas para que se fuera y el soldado lo mató.

Se supone que Arquímedes quemó barcos romanos concentrando luz solar sobre ellos.

Casi nadie creía que esto fuera posible, hasta que en 1747 se hicieron experimentos.

Ese año, su método fue probado de nuevo... y se incendiaron barcos y casas por igual.

MIRA DE CERCA

Dedujo que el número de granos de arena que podrían llenar el Universo sería mil trillones de trillones de trillones de trillones de trillones (¡un 1 seguido de 63 ceros!).

▶ *Se dice que descubrió su famoso principio (derecha) cuando vio su bañera desbordarse. Entonces corrió desnudo por la calle gritando "¡Eureka!" ("¡Lo he encontrado!").*

a.n.e.

287 Nace en Siracusa, Sicilia.

275 Siracusa es tomada por el rey Hierón II, amigo de Arquímedes.

c.269 Va a estudiar a Alejandría; conoce o inventa la bomba de agua de tornillo de Arquímedes, que aún se usa hoy.

c.265 Resuelve el problema de la corona dorada.

c.263 Regresa a Siracusa.

c.215 Hierón II muere.

214 Comienza el sitio de Siracusa.

213 Se repele el ataque romano con el rayo de calor de Arquímedes.

212 Un soldado mata a Arquímedes.

EL PRINCIPIO DE ARQUÍMEDES

*A*rriba se ve una de las máquinas que inventó Arquímedes para proteger su ciudad. Pero no todos sus descubrimientos fueron tan bélicos. El rey Hierón quería saber si su corona era de oro puro. Arquímedes sumergió la corona en agua y midió la cantidad que se desbordó. Luego hizo lo mismo con un trozo de oro puro del mismo peso que la corona, descubriendo que se derramaba menos agua, así que el oro puro ocupaba menos espacio. Con esto probó que la corona contenía una parte de un material más ligero y que el rey había sido engañado. Arquímedes demostró que un objeto sumergido en líquido es empujado por una fuerza igual al peso del líquido que se desplaza. Éste es el principio de Arquímedes.

Zhang Heng

Zhang Heng combinó su amor por la poesía con su fascinación por la ciencia, en especial la astronomía.

Tras estudiar en la universidad y trabajar como funcionario menor, a la edad de 34 años Zhang Heng fue llamado a la corte del emperador An, en Luoyang, capital china de la dinastía Han. El emperador An había escuchado sobre el gran talento de Zhang para las matemáticas, y no tardó en nombrarlo miembro de la corte. Fue ascendido a asesor del siguiente emperador, Shun; pasó su tiempo protegiéndolo de las intrigas cortesanas, estudiando ciencia y escribiendo poesía.

EL TIEMPO EN LA ANTIGUA CHINA

Zhang vivió mucho antes del invento de los relojes mecánicos. El tiempo solía medirse con relojes de agua: contenedores de los que salía agua poco a poco. Entre más agua salía, más tiempo pasaba. Pero, conforme disminuía la cantidad de agua, el flujo era más lento, así que los relojes eran muy inexactos. Zhang inventó un reloj de agua con un tanque extra que mantenía el flujo constante. Como astrónomo, tenía deberes relacionados con el tiempo, incluido el de predecir días de buena y de mala suerte.

▲ *Zhang pudo haber inventado este aparato para medir distancias. Al avanzar cierta distancia, una figura mecánica de madera golpeaba un tambor. Al recorrer diez veces esa distancia, otra figura sonaba un gong o una campana.*

Quizá cuando ocurría un temblor, un péndulo se balanceaba dentro del detector de temblores.

Por la boca de un dragón salía una bola que caía en la boca de una rana.

◄ *Ésta es una réplica del detector de temblores de Zhang. Un día registró un temblor, aunque nadie en la corte lo sintió. Mucha gente se burló de él... hasta que un mensajero llegó para informar sobre un temblor ocurrido a más de 400 km, en la dirección que el detector había mostrado.*

LA ESFERA ASTRAL

Zhang Heng construyó una esfera armilar de bronce, un modelo del cielo nocturno con la Tierra en su centro. Un sistema de engranes impulsados por agua movían la esfera para imitar el movimiento de las estrellas en el cielo. Las esferas armilares ya se habían inventado antes de que Zhang naciera, pero la que él hizo (arriba) era impulsada por agua.

78 Nace en Shiqiao, China.

95 Deja su casa para estudiar en las universidades de Chang'an y Luoyang.

c.108 Se vuelve astrónomo.

112 Es llamado a la corte del emperador An.

115 Se vuelve astrónomo de la corte.

132 Diseña un detector de temblores y una esfera armilar.

c.134 Se vuelve asesor del emperador Shun.

139 Muere en Luoyang.

MIRA DE CERCA

Zhang era el encargado de evaluar la formación de quienes querían trabajar para el emperador An. Cada uno debía saber al menos 9 000 caracteres chinos distintos.

AVICENA

AVICENA ERA CONOCIDO COMO EL "PRÍNCIPE DE LOS MÉDICOS" POR SU GRAN HABILIDAD PARA CURAR. SE CONVIRTIÓ EN UN EXCELENTE DOCTOR ESTUDIANDO TODO LO QUE SE SABÍA EN AQUEL TIEMPO SOBRE MEDICINA.

Sin embargo, a diferencia de casi todos sus colegas, Avicena no creía todo lo que leía. Además, estudiaba las enfermedades cuidadosamente, averiguando por sí mismo la mejor forma de tratar a sus pacientes.

No sólo era médico, también era astrónomo, físico y químico. Fue un hombre profundamente religioso, que trató de combinar su conocimiento de la ciencia y de la religión para revelar tanto los secretos del Universo como las mejores formas de organización entre las personas y los pueblos.

▼ *Esta imagen muestra a tres grandes médicos de distintas épocas. Galeno (130-200 n.e.) a la izquierda, Avicena, al centro e Hipócrates (c. 460-370 a.n.e.) a la derecha. Todos ellos influyeron sobre la medicina aun siglos después de muertos.*

GALENVS · AVICENA · YPOCRATES

980 Nace en Jurasán, cerca de Bujará, en lo que hoy es Uzbekistán.

996 Comienza a ejercer la medicina.

997 Cura al emir Nuh ibn Mansur de una peligrosa enfermedad.

998 Se vuelve médico en la corte del emir.

1025 Completa su enciclopedia médica, *El Canon de medicina*.

1037 Muere, quizás envenenado, en Hamadán, al norte de Persia (hoy Irán).

1593 Se publica en Roma un texto árabe de *El canon de la medicina*.

MIRA DE CERCA

Avicena era persa y respondía a varios nombres. Abu Ali Sina Balkhi o Ibn Sina eran sus nombres en árabe, mientras que en latín recibió el nombre de Avicena.

◀ *La imagen muestra a Avicena y otros médicos dando consulta a un hombre con viruela (a la derecha). Puesto que Avicena observaba concienzudamente los síntomas exactos de las enfermedades, pudo descubrir que la viruela y el sarampión son enfermedades diferentes.*

La participación de Avicena en la política le trajo toda clase de problemas.

Fue encarcelado en varias ocasiones, pero en todas logró escapar.

Es posible que lo hayan asesinado por razones políticas.

EL CANON DE LA MEDICINA

Ésta es una ilustración de la obra maestra de Avicena, *El canon de la medicina*, en la que reunió todo lo que se sabía sobre medicina. La obra tenía 14 volúmenes y fue un libro de texto común en el Medio Oriente y Europa hasta el siglo XVII. La ilustración es inexacta, ya que no era permitido abrir cadáveres, debía explicarse el funcionamiento del cuerpo estudiando animales.

El astrónomo danés Tycho Brahe sentado en su observatorio en la isla de Hven. Algunos hombres miran las estrellas (arriba), mientras otros (abajo) anotan sus observaciones.

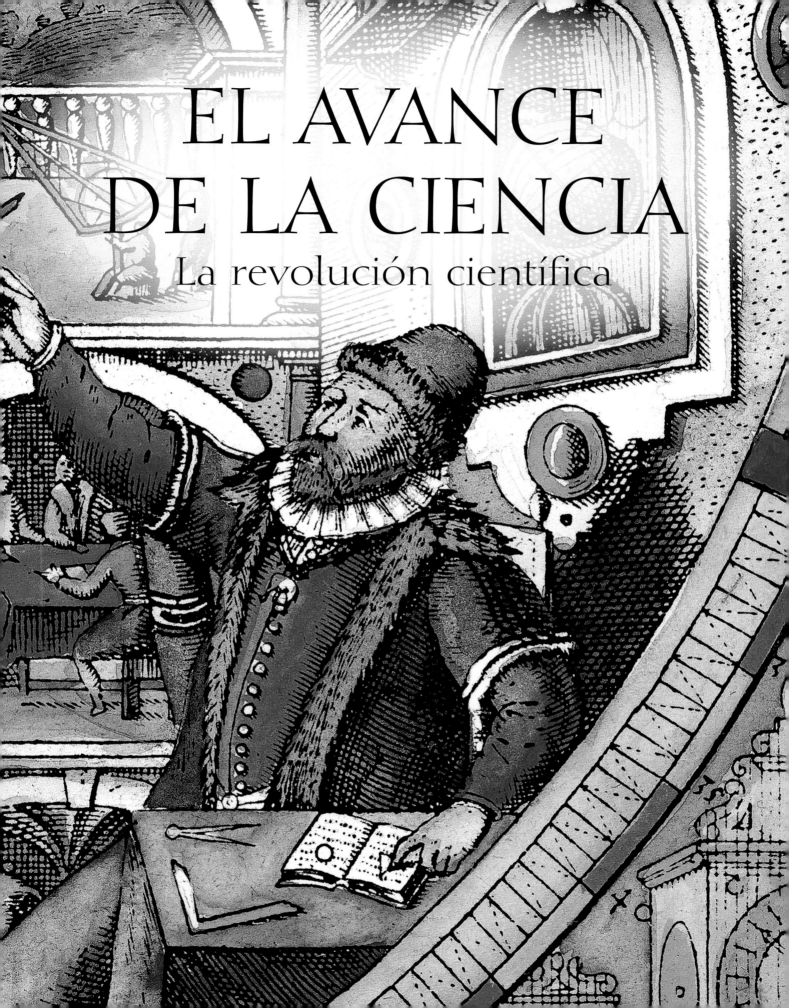

EL AVANCE
DE LA CIENCIA

La revolución científica

En el siglo XVI comenzó en *Europa* un periodo llamado la Revolución *científica*. Poco a poco, los científicos europeos sustituyeron las **ideas** de los antiguos griegos por *teorías* basadas en experimentos.

REVOLUCIÓN EN LA CIENCIA

DESDE 146 A.N.E., CUANDO GRECIA FUE CONQUISTADA POR EL IMPERIO ROMANO, EL PROGRESO CIENTÍFICO EN EUROPA SE VOLVIÓ LENTO.

La ciencia consistía sobre todo en hablar sobre las ideas de los filósofos griegos, aunque en otras partes del mundo hubo algunos descubrimientos. La situación comenzó a cambiar en el siglo XVI.

La Revolución científica de Europa instituyó las matemáticas como parte importante de la ciencia. Además, se desarrollaron métodos científicos mediante la observación y la experimentación.

▼ *La Revolución científica tuvo lugar en ciudades bulliciosas como Verona, Italia, que puede verse en este grabado coloreado a mano.*

En 1543, el anatomista Andrés Vesalio publicó *Sobre la estructura del cuerpo humano.*

Antes, los doctores usaban textos de siglos atrás basados en el estudio de animales.

◀ Los alquimistas trataron de encontrar la manera de vivir eternamente con equipo que aún se usa en la química moderna.

LA REVOLUCIÓN DE LA IMPRENTA

La Revolución científica fue auxiliada por nuevas tecnologías. Alrededor de 1439, en Alemania, Johannes Gutenberg inventó un nuevo tipo de imprenta para fabricar libros más rápido y a menor costo. Antes, se copiaban a mano, lo cual era muy lento y daba pie a muchos errores. La imprenta de Gutenberg usaba letras móviles. De esta manera el conocimiento científico se comunicó más fácil y rápido que antes.

Nicolás Copérnico

Hasta el siglo XVI, la mayoría de la gente creía que la Tierra era el centro del Universo. Copérnico pensaba otra cosa: que la Tierra y los demás planetas giraban alrededor del Sol.

Copérnico estudió derecho, medicina y matemáticas, además de astronomía. Expuso sus teorías sobre el Universo en su libro *Sobre la revolución de las esferas celestes*, aunque no lo publicó sino hasta el final de su vida, pues temía las críticas. Pasó más de un siglo antes de que los científicos aceptaran mayoritariamente la teoría de Copérnico.

MIRA DE CERCA

Copérnico inventó una pócima que, según él, curaría cualquier enfermedad. El compuesto contenía escarabajos, plata, zafiro, huesos y un corazón de venado.

1473 Nace en Torun, Polonia.

1491-1495 Comienza sus estudios de astronomía en la Universidad de Cracovia.

1496 Estudia derecho en Bolonia, Italia.

1501 Estudia medicina en Padua, Italia.

1514 Plantea que la Tierra gira alrededor del Sol, pero sólo en cartas a sus amigos.

1526 Ayuda a cartografiar Polonia.

1543 Se publica *Sobre la revolución de las esferas celestes*; muere en Frombork, Polonia.

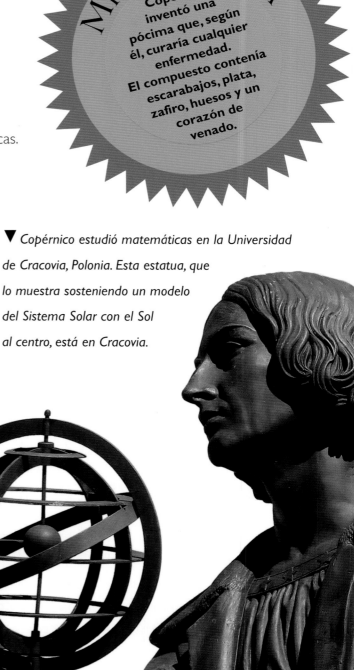

▼ Copérnico estudió matemáticas en la Universidad de Cracovia, Polonia. Esta estatua, que lo muestra sosteniendo un modelo del Sistema Solar con el Sol al centro, está en Cracovia.

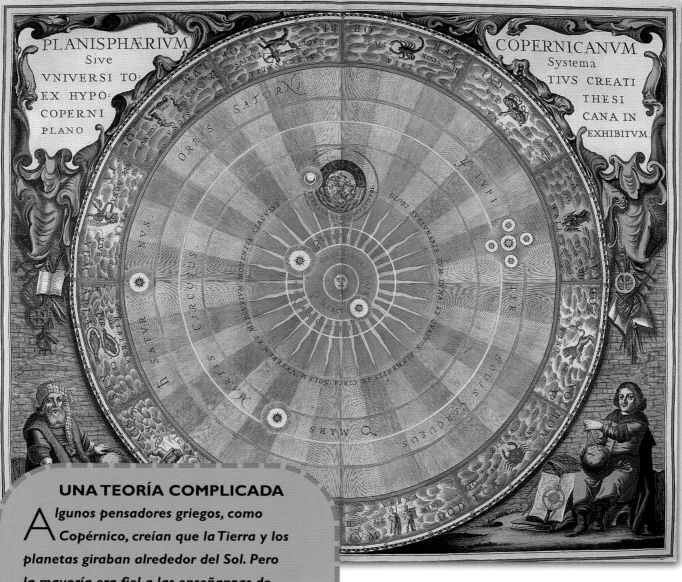

UNA TEORÍA COMPLICADA

Algunos pensadores griegos, como Copérnico, creían que la Tierra y los planetas giraban alrededor del Sol. Pero la mayoría era fiel a las enseñanzas de Aristóteles, quien decía que el Sol y los planetas giraban alrededor de la Tierra. El mismo Copérnico no comprendió que los planetas se mueven en órbitas elípticas (ovaladas). Pensaba que éstos se movían en pequeños círculos adosados a círculos mayores. Esto significa que su teoría heliocéntrica (con el Sol en el centro) resultó más complicada que la teoría geocéntrica (con la Tierra en el centro) a la que debía reemplazar.

▲ Éste es el Sistema Solar según Copérnico: el Sol está en el centro y la Tierra, la Luna y los demás planetas conocidos giran alrededor.

Después de publicar el libro de Copérnico, hubo muchas disputas sobre su veracidad.

La Iglesia católica decidió que Copérnico estaba errado, y prohibió su libro hasta 1835.

WILLIAM GILBERT

WILLIAM GILBERT TRABAJÓ COMO MÉDICO PERSONAL DE ISABEL I Y JAIME I DE INGLATERRA. PERO SU FAMA SE DEBE EN REALIDAD A QUE DESCUBRIÓ QUE LA TIERRA ES UN IMÁN GIGANTESCO. DESPUÉS DE ÉL, NO HUBO ADELANTOS EN EL MAGNETISMO SINO HASTA 1820.

Hasta la época de Gilbert, los únicos imanes identificados eran magnetitas, pedazos de roca compuestos de material magnético natural. Gilbert descubrió cómo fabricar nuevos imanes y cómo destruir su poder magnético: calentándolos.

MIRA DE CERCA

En esa época, los descubrimientos científicos sólo se consideraban entretenidos. Después, algunos cambiaron el mundo mediante la electricidad y el magnetismo.

▼ *Aquí, Gilbert explicaba a Isabel I cómo la electricidad estática puede hacer que las plumas se peguen a una barra de ámbar "cargada" al haber sido frotada contra una piel.*

LA TIERRA MAGNÉTICA

El descubrimiento de que la Tierra es un imán explica por qué las brújulas apuntan a los polos Norte y Sur. Las agujas de las brújulas son pequeños imanes que se alinean con otros, incluida la Tierra. El campo magnético de ésta, que se extiende hasta el espacio, se debe al movimiento de metal líquido en lo profundo del planeta. Cuando las partículas del Sol se topan con él, aparecen luces de colores (auroras). Éstas son más brillantes cerca de los polos, donde el campo magnético es más fuerte.

▲ *Ésta es una ilustración del libro* Sobre el imán, *de* Gilbert. *Aquí se muestra que una barra de hierro puede magnetizarse alineándola en dirección norte-sur y martillándola.*

Gilbert escribió su libro en inglés (casi todos los libros científicos estaban en latín).

El libro cobró fama y no tardó en ser traducido a muchas otras lenguas.

1544 Nace en Colchester, Inglaterra.

1569 Recibe un doctorado médico tras estudiar en Cambridge.

1573 Se muda a Londres y se vuelve miembro del Real Colegio de Médicos.

1600 Publica *Sobre el imán: cuerpos magnéticos y el gran imán de la Tierra.*

1601 Se convierte en médico personal de Isabel I.

1603 Muere de peste bubónica en Londres.

TYCHO BRAHE

ESTE NOBLE FUE UNA DE LAS PERSONAS MÁS RICAS DE DINAMARCA. ES FAMOSO POR SUS ASOMBROSOS INVENTOS Y POR SUS DESCUBRIMIENTOS ASTRONÓMICOS.

Tyge (conocido como Tycho) Ottersen Brahe de Knudstrup nació en la residencia ancestral de su familia, el Castillo Knutstorp, el 14 de diciembre de 1546. Tuvo un hermano gemelo, que no sobrevivió, y dos hermanas. A los dos años, su tío Jorgen Brahe se lo llevó a vivir con él al Castillo Tostrup. Jorgen crió a su sobrino como si fuera su hijo.

En 1559, Brahe comenzó a estudiar derecho en la Universidad de Copenhague. El 21 de agosto de 1560 vio su primer eclipse solar. Este acontecimiento lo cautivó tanto que inició una serie de investigaciones y observaciones que continuaría el resto de su vida.

1546 Nace en Dinamarca.

1548 Comienza su vida con su tío Jorgen.

1559 Asiste a la Universidad de Copenhague.

1566 Pierde parte de la nariz en un duelo.

1572 Identifica una supernova en la constelación Casiopea.

1576-81 Se construyen dos observatorios para él en la isla de Hven.

1583 Nace Kirstine, la primera de sus ocho hijos.

1601 Muere de una infección de vejiga.

▶ *El rey Federico de Dinamarca le cedió a Brahe una propiedad en la isla de Hven para construir un observatorio. Aquí se ve a Brahe usando un enorme cuadrante.*

MIRA DE CERCA

Tycho Brahe fue el último gran astrónomo en trabajar sin telescopio. Sus observaciones fueron meticulosas, y tal vez las más precisas hechas jamás.

En Hven, Brahe tenía un alce domesticado que vagaba libre por el castillo y los prados.

▲ El 11 de noviembre de 1572, Tycho miraba las estrellas desde la Abadía de Herrevad cuando notó una estrella muy brillante en la constelación Casiopea (arriba). Había descubierto la supernova que ahora se llama SN 1572.

¡El alce murió cuando se emborrachó con cerveza, cayó y se rompió una pata!

LA VALIOSA NARIZ DE BRAHE

Cuando era estudiante, Tycho Brahe perdió parte del puente de la nariz al batirse ebrio frente a otro estudiante, Manderup Parsbjerg, quizá por ver quién era el mejor matemático. Tycho usó una nariz falsa el resto de su vida. Se decía que estaba hecha de oro y plata, ¡y que se sostenía con un ungüento pegajoso! Su tumba fue abierta en 1901 y algunos expertos examinaron sus restos. Encontraron rastros verdes alrededor de la nariz, señal de que había estado expuesta al cobre, no a la plata ni al oro.

GALILEO GALILEI

G ALILEO GALILEI FUE UN GENIO
CIENTÍFICO. TRAS ESCUCHAR UNA
VAGA DESCRIPCIÓN DEL PRIMER
TELESCOPIO, CONSTRUYÓ EL SUYO Y LO USÓ
PARA ESTUDIAR EL CIELO NOCTURNO.

Así, Galileo se dio cuenta de que la Luna tiene valles
y montañas. También notó que la Vía Láctea está hecha
de estrellas y descubrió cuatro de las lunas de Júpiter.

Estos avances habrían sido suficientes para darle fama,
pero Galileo hizo mucho más. Dedujo las leyes científicas
que describen el cambio de velocidad de los objetos al caer
o balancearse de un lado al otro. Esto le permitió inventar
después el reloj de péndulo.

MIRA DE CERCA

Galileo
desarrolló una
versión de las
calculadoras de
bolsillo actuales. Podía
indicar cómo apuntar
los cañones y cuánta
pólvora ponerles.
La llamó "brújula
militar".

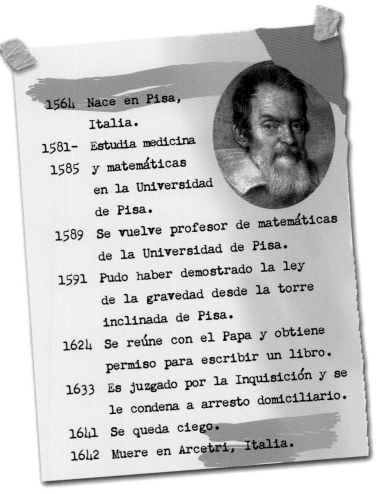

1564 Nace en Pisa,
Italia.

1581- Estudia medicina
1585 y matemáticas
en la Universidad
de Pisa.

1589 Se vuelve profesor de matemáticas
de la Universidad de Pisa.

1591 Pudo haber demostrado la ley
de la gravedad desde la torre
inclinada de Pisa.

1624 Se reúne con el Papa y obtiene
permiso para escribir un libro.

1633 Es juzgado por la Inquisición y se
le condena a arresto domiciliario.

1641 Se queda ciego.

1642 Muere en Arcetri, Italia.

Galileo ofreció mostrar
las lunas de Júpiter a los
sacerdotes con su telescopio.

Los sacerdotes no querían
mirar porque habían decidido
que esas lunas no existían.

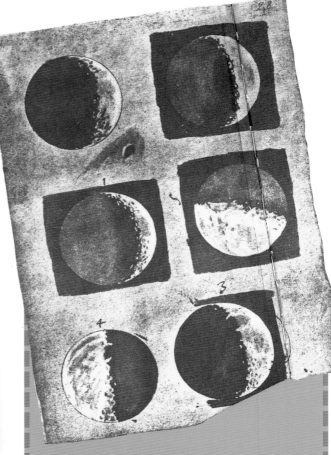

LAS MONTAÑAS DE LA LUNA

Antes de Galileo, los científicos creían que la Luna era lisa y esférica, pues así lo había dicho Aristóteles. Las montañas que Galileo descubrió en la Luna mostraban que no era una esfera perfecta. En apoyo a Aristóteles, se afirmó que había una capa lisa e invisible sobre las montañas. En respuesta, ¡Galileo propuso que esa capa tenía montañas invisibles!

◀ Esta escena imaginaria muestra a un sacerdote usando el telescopio de Galileo para mirar la Luna, mientras éste le muestra dibujos de la Luna a otro.

Galileo empleó sus observaciones para averiguar cómo funciona el mundo. Para explicar sus teorías recurrió a las matemáticas y a la argumentación.

Durante toda su vida, sus puntos de vista —y su personalidad— lo involucraron en numerosas discusiones que pusieron su vida en peligro. Quería escribir un libro sobre el punto de si la Tierra giraba alrededor del Sol. Sabía que el tema era delicado, así que obtuvo el permiso del Papa, con la condición de que diera argumentos a favor y en contra de la idea. Cuando se publicó el libro, la conclusión de Galileo era patente: la Tierra sí gira alrededor del Sol. El Papa estaba furioso y lo mandó llamar a Roma para dar una explicación. Galileo escapó de la tortura, fue obligado a negar su teoría, se le prohibió hablar de nuevo sobre ella y lo sentenciaron a arresto domiciliario. Pero continuó trabajando hasta su muerte desarrollando nuevas áreas de la ciencia, incluso tras quedar ciego. Fue el primer científico moderno exitoso.

En 1971, se soltaron una pluma y un martillo en el vacío lunar. Cayeron al mismo tiempo.

Tenía razón: sin la resistencia del aire, ¡objetos de distintos pesos caen a la misma velocidad!

▼ *Galileo fue juzgado por la Inquisición en Roma, en 1633, y fue encontrado "vehementemente sospechoso de herejía".*

TEATRO CIENTÍFICO

El libro que tantos problemas le causó a Galileo fue escrito como un tipo de obra teatral con tres personajes: uno cree que la Tierra gira alrededor del Sol, otro no y el otro es neutral. La prueba principal de Galileo para demostrar que la Tierra se mueve es que, de lo contrario, no habría mareas. Esto es falso, pero muchas cosas en el libro son correctas. El Papa se molestó porque el escrito estaba a favor de la teoría heliocéntrica. ¡Y también porque pensaba que Simplicio, el personaje que cree en la teoría geocéntrica, estaba basado en él!

▲ En su vejez y ya ciego, en su casa de Arcetri, Galileo recurrió a la ayuda de varias personas, incluidos un secretario y su hijo Vincenzio, para escribir y publicar sus libros.

► En 1995, después de viajar seis años, una sonda espacial llegó a Júpiter para estudiar el planeta y las lunas que Galileo había descubierto casi cuatro siglos atrás. La sonda también se llamaba Galileo.

Johannes Kepler

Decidido a resolver el problema que había desconcertado a los astrónomos, abordó la pregunta: ¿cómo se mueven los planetas?

Agobiado por una pésima visión, muchas enfermedades, pobreza y una gran cantidad de datos planetarios, la tarea le llevó ocho años. Descubrió que las órbitas de los planetas alrededor del Sol son elípticas (ovaladas). Continuó hasta elaborar las leyes que describen la forma en que los planetas se aceleran o desaceleran conforme avanzan. Para ganar dinero, adivinaba el futuro y escribió una de las primeras historias de ciencia ficción, sobre un viaje a la Luna.

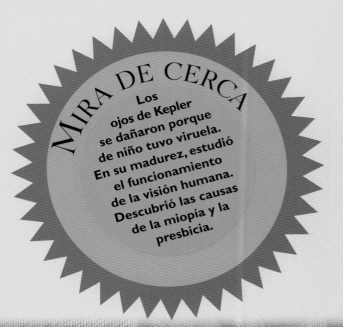

MIRA DE CERCA

Los ojos de Kepler se dañaron porque de niño tuvo viruela. En su madurez, estudió el funcionamiento de la visión humana. Descubrió las causas de la miopía y la presbicia.

1571 Nace en Weil der Stadt, Alemania.

1594 Se convierte en maestro de matemáticas.

1601 Obtiene los datos de Tycho Brahe sobre el movimiento planetario.

1609 Publica *Nueva astronomía*, que incluye dos leyes del movimiento planetario.

1611 Explica la forma de los panales.

1619 Publica *La armonía de los mundos*, que contiene la tercera ley del movimiento planetario.

1630 Muere de fiebre en Regensburg, Alemania.

Muchos creían en la brujería, y la madre de Kepler fue a juicio acusada de practicarla.

Kepler detuvo toda su labor científica hasta la liberación de su madre en 1621.

◀ Las brujas eran muy temidas. Se pensaba que tenían poderes mágicos, que eran sirvientes del diablo y que recibían la ayuda de espíritus con forma de animales.

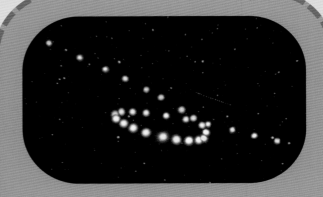

PATRONES EN EL CIELO

En comparación con las estrellas, la posición de los planetas en el cielo cambia cada noche. Esta imagen registra el movimiento de Marte a través del cielo durante casi un mes. Kepler usó patrones como éste para descubrir la forma de la órbita de Marte alrededor del Sol. Después trazó las órbitas de los otros cinco planetas conocidos.

◀ Kepler fue matemático de la corte del santo emperador romano Rodolfo II, un trabajo que consistía básicamente en hacer el horóscopo del emperador.

WILLIAM HARVEY

D URANTE SIGLOS, LOS CIENTÍFICOS ACEPTARON LA TEORÍA DE GALENO, UN MÉDICO ROMANO DEL SIGLO II QUE SOSTENÍA QUE LA SANGRE SE FORMABA EN EL HÍGADO Y SE DESTRUÍA EN EL CUERPO.

William Harvey pensaba que la ciencia debía basarse en experimentos, no en textos antiguos. Sus estudios lo convencieron de que la sangre circulaba por todo el cuerpo una y otra vez, bombeada por el corazón. También creía que la vida de los mamíferos comenzaba en un huevo. Carlos I lo dejó disecar venados de su parque para investigar esta idea. Pero los huevos eran demasiado pequeños, y fue siglos después de su muerte cuando se demostró que tenía razón.

1578 Nace en Folkestone, Inglaterra.

1593-1599 Estudia medicina en la Universidad de Cambridge, Inglaterra.

1599-1602 Estudia medicina en la Universidad de Padua, Italia.

1616 Primera clase sobre su teoría de la circulación de la sangre.

1618 Se convierte en médico de Jaime I.

1625 Se convierte en médico de Carlos I.

1628 Publica su teoría.

1636 Viaja a Alemania e Italia como diplomático de Carlos I.

1657 Muere en Roehampton, Inglaterra.

▲ Harvey trabajó como médico del rey inglés Carlos I. En este retrato tardío de Robert Hannah, Harvey usa el corazón de un venado para demostrar al rey su teoría de la circulación de la sangre.

Harvey estaba seguro de que las venas y las arterias se conectaban por vasos sanguíneos muy pequeños.

Con un microscopio, el biólogo Malpighi encontró estos vasos cuando Harvey ya había muerto.

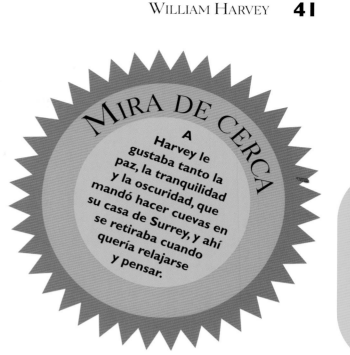

MIRA DE CERCA

A Harvey le gustaba tanto la paz, la tranquilidad y la oscuridad, que mandó hacer cuevas en su casa de Surrey, y ahí se retiraba cuando quería relajarse y pensar.

HARVEY Y LAS BRUJAS

En el siglo XVII, muchos murieron acusados de brujería. Eran registrados para encontrar "marcas de bruja", marcas en forma de tetilla supuestamente hechas por el diablo. En 1633, un niño afirmó que conocía a varios que eran brujos, y que los había visto convertirse en perros y caballos. Carlos I envió a cuatro sospechosos con Harvey para que éste buscara las marcas. Él las encontró en uno de ellos y sostuvo —algo insólito para un doctor de la época— que las marcas tenían causas naturales. Así, varias mujeres fueron puestas en libertad.

◄ Este diagrama del libro de Harvey, Estudio anatómico del movimiento del corazón y la sangre en los animales, *muestra un experimento para demostrar que las venas permiten el flujo de sangre en una dirección: hacia el corazón.*

Encendidos debates e intercambios científicos tuvieron lugar en cafés de toda Europa durante los siglos XVII y XVIII.

EL PODER DE LA CIENCIA

La era de la razón

ESTE PERIODO ES CONOCIDO COMO LA ILUSTRACIÓN. FUE UNA ÉPOCA EN QUE MUCHOS CREYERON QUE LA RAZÓN HUMANA PODÍA EXPLICAR EL FUNCIONAMIENTO DEL MUNDO.

CIENCIA ELEGANTE

DURANTE LOS SIGLOS XVII Y XVIII LOS CIENTÍFICOS DESARROLLARON NUEVOS Y PODEROSOS MEDIOS PARA COMPRENDER EL MUNDO A SU ALREDEDOR.

Científicos de toda Europa crearon nuevas teorías de gran alcance. Éstas comenzaban a explicar cómo se mueven los objetos en el espacio y cuál es la estructura del Universo. Los científicos ahondaron en las relaciones entre plantas y animales para describir las leyes que rigen toda la materia. Los progresos del periodo conocido como la Ilustración se debieron en parte a que la Iglesia no rechazó tanto como antes la investigación científica, así que no se interpuso en su camino.

▼ *El científico más grande de esta época fue Isaac Newton, mostrado aquí en una pintura de William Blake. Insistía en que sólo tenían valor las teorías probadas o desmentidas. Esto no tardó en convertirse en un principio básico de la ciencia, y aún sigue vigente.*

▲ *Éste es un planetario, un modelo mecánico del Sistema Solar. Conforme la ciencia cobraba popularidad, libros e instrumentos como éste ayudaban a explicarla a la gente.*

MIRA DE CERCA

La falta de instrumentos frenaba a los científicos. En la Ilustración, mejores telescopios, microscopios y termómetros llevaron a nuevos descubrimientos.

LA CONQUISTA DEL AIRE

La ciencia se usó para explicar el mundo, pero también para explorarlo. Éste es el primer globo tripulado, inventado por los hermanos Montgolfier. El 4 de junio de 1783, los dos franceses volaron durante 10 min, cubriendo una distancia de 2 km. El globo funcionó porque el aire caliente en su interior era más ligero que el aire que lo rodeaba.

CHRISTIAAN HUYGENS

HUYGENS ESTUDIÓ MUCHAS ÁREAS DE LA CIENCIA. LE FASCINABA LA NATURALEZA DE LA LUZ Y FABRICÓ LENTES MUY PRECISOS QUE UTILIZÓ PARA CONSTRUIR UN TELESCOPIO.

Gracias a las observaciones hechas con su telescopio, Huygens pudo ampliar los descubrimientos de Galileo sobre los planetas. Fue un experto en matemáticas. Esta herramienta le sirvió para calcular la distancia de la Tierra a una estrella y también para diseñar el primer reloj de gran exactitud.

Huygens determinó que todos los planetas del Sistema Solar estaban habitados, ¡y que las criaturas de Júpiter y Saturno tenían barcos de vela!

EL SECRETO DE LA LUZ

*N*ewton vivió en la misma época que Huygens, él creía que la luz estaba hecha de partículas, como una granizada de balas diminutas. Huygens pensaba que, si la luz estuviera hecha de ondas, su comportamiento sería más fácil de explicar. En el siglo XVIII, la teoría de Newton fue más popular, pero la de las ondas la reemplazó al inicio del siglo XIX. A principios del siglo XX, los científicos demostraron que la luz puede comportarse como partículas u ondas. También probaron que, cuando lo hace como ondas, actúa tal como Huygens lo describió en sus teorías matemáticas.

1629 Nace en La Haya, Holanda.
1655 Descubre los anillos de Saturno y su luna, Titán.
1658 Publica *El reloj*.
1663 Visita Inglaterra y es elegido miembro de la Real Sociedad.
1666 Trabaja en la Academia de las Ciencias de París.
1681 Su religión, el protestantismo, lo desprestigia y regresa a La Haya.
1690 Publica su *Tratado sobre la luz*.
1695 Muere en La Haya.

▼ *Aquí se ve a Huygens experimentando con un prisma y un péndulo. Su telescopio está colocado detrás de él, cerca de la ventana, y en la pared hay un reloj basado en su diseño.*

Galileo notó la extraña forma de Saturno con su telescopio, pero hacía falta la versión de Huygens para descubrir la verdad: que el planeta tiene anillos.

▲ En 2004, la sonda Cassini llegó a Saturno para estudiar el planeta y sus anillos. Llevaba consigo otra sonda, llamada Huygens, que atravesó la atmósfera de Titán.

EL RELOJ DE PÉNDULO

Al igual de Galileo, Huygens se dio cuenta de que un péndulo serviría para fabricar un reloj preciso. Pero fue Huygens quien diseñó un mecanismo, llamado escape, para mantener el péndulo en movimiento. Así, se pudieron obtener mediciones precisas del tiempo, esenciales para muchas áreas de la investigación científica. Los relojes basados en este diseño pronto formarían parte de la vida cotidiana de mucha gente.

◀ Este elegante reloj de péndulo fue construido por Johannes van Ceulen, de La Haya, quien fabricó relojes para Huygens.

ANTONI VAN LEEUWENHOEK

LEEUWENHOEK NO ERA UN CIENTÍFICO PROFESIONAL. SIN EMBARGO, LE FASCINABAN LOS INCREÍBLES MUNDOS DIMINUTOS QUE VEÍA A TRAVÉS DE SUS MICROSCOPIOS.

Estos instrumentos reveladores se inventaron alrededor de 1595 en el país de Leeuwenhoek, Holanda; pero nadie los usó tan entusiasta y productivamente como él. Leeuwenhoek comunicó sus descubrimientos a la Real Sociedad inglesa con cartas ilustradas. Pronto, mucha gente se entusiasmó tanto como él. Les intrigaban las pequeñas criaturas y estructuras que existían a su alrededor. Con un microscopio, podían verlas en gotas de lluvia, sangre, moho, ¡e incluso en el sarro de los dientes!

▲ *Leeuwenhoek enseñó cómo eran algunas pequeñas criaturas muy conocidas, como las pulgas, compañeras poco gratas de muchas personas en aquella época.*

1632 Nace en Delft, Holanda.

c.1654 Abre su negocio de paños.

1671 Fabrica su primer microscopio.

1673 Envía a la Real Sociedad la primera de 164 cartas que resumían sus descubrimientos.

1674 Descubre criaturas vivientes, que llama "animáculos", en el agua y las células sanguíneas.

1679 Descubre los espermatozoides (que fertilizan a los óvulos).

1680 Es elegido miembro de la Real Sociedad.

1723 Muere en Delft.

MIRA DE CERCA

Aunque ávido de comunicar sus resultados, usaba un método para ver lo que otros no podían con sus microscopios. Hasta hoy, dicho método permanece en el misterio.

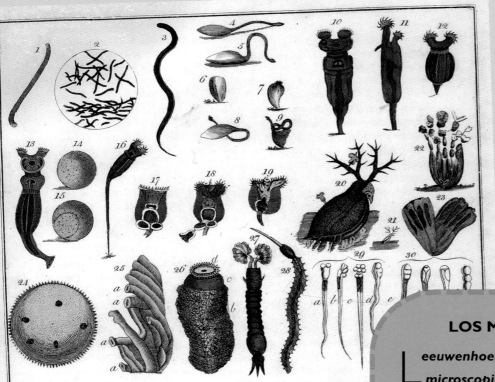

◀ *He aquí los dibujos de algunas cosas descubiertas por Leeuwenhoek. Hay células sanguíneas, espermatozoides y muchas clases de criaturas unicelulares. A algunas las llamó "bestiecillas saltarinas".*

Leeuwenhoek llamó "animáculos" a las criaturas microscópicas que descubrió.

Calculó que habría cerca de un millón de animáculos en una sola gota de agua.

Pedro el Grande, de Rusia, y la Reina María II de Inglaterra fueron a ver los animáculos.

LOS MICROSCOPIOS

Leeuwenhoek fabricó más de 400 microscopios, de los que sólo se conservan nueve. La clave de su éxito fue su habilidad para fabricar lentes. Hizo al menos 500 de éstos, algunos pequeños como cabezas de alfiler, y otros que mostraban las cosas 275 veces más grandes. Sus microscopios tenían un solo lente pequeño, a diferencia de los actuales que usan muchos lentes. La palabra microscopio viene de los términos griegos micron (pequeño) y skopein (mirar).

ISAAC NEWTON

Newton es quizás el mayor científico de todos los tiempos. Logró avances en astronomía, física y matemáticas.

Sin embargo, no siempre estuvo convencido de que la ciencia importara mucho, y la alquimia le interesaba por igual. Tal vez lo más sorprendente de todo es que Newton se rehusaba a publicar su trabajo. Claro, si las teorías de Newton hubieran sido falsas, no nos sorprendería, pero casi todas eran correctas.

MIRA DE CERCA

Newton era un poco distraído. ¡Una vez estaba hirviendo un reloj mientras sostenía un huevo! También fue a pasear con un caballo y regresó sólo con la brida.

▼ *Newton, al que vemos haciendo experimentos, hizo importantes descubrimientos sobre la ciencia de la luz. Demostró que la luz blanca se divide en un arcoíris.*

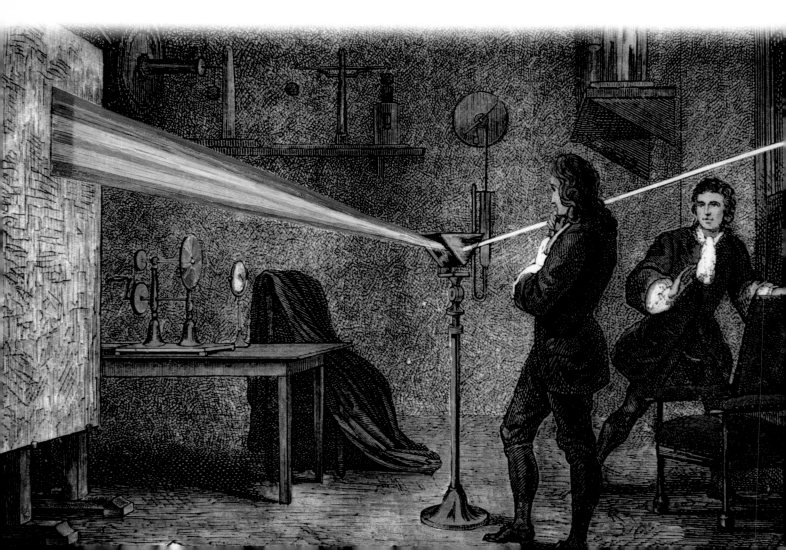

► *Newton nació en esta mansión de Lincolnshire en la Navidad de 1642. Era tan pequeño y débil que nadie esperaba que sobreviviera.*

Newton pensaba que ningún telescopio que usara un lente podría servir.

Estaba equivocado, pero fue así que inventó un telescopio de espejo que funcionaba bien.

1642 Nace en Woolsthorpe, Inglaterra.

1661 Asiste a la Universidad de Cambridge.

1665 Regresa a casa cuando la universidad cierra por la peste.

1671 Muestra su telescopio reflector a la Real Sociedad.

1687 Publica el Libro I de *Principios matemáticos de la filosofía natural.*

1696 Es nombrado Guardián de la Casa de Moneda.

1703 Lo nombran presidente de la Real Sociedad.

1705 Es nombrado caballero.

1727 Muere en Londres.

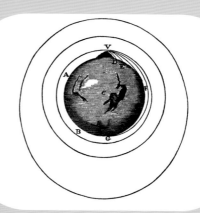

LA CIENCIA DEL ESPACIO

Newton desarrolló tres leyes del movimiento y una de la gravedad. Aplicando un nuevo tipo de matemáticas inventado por él mismo, usó estas leyes para explicar el movimiento de los objetos en el espacio. Su diagrama (arriba) muestra que un objeto lanzado con suficiente fuerza orbitaría la Tierra. Los satélites funcionan tal como predijeron las teorías de Newton.

El trabajo más importante de Newton, la teoría de la gravedad, no tuvo gran éxito porque no se conocía entonces el tamaño de la Tierra. Cuando se halló el valor de esta medida, Newton dejó pasar mucho tiempo antes de molestarse en revisar si el dato le daba la razón, como de hecho lo hacía. En su libro *Principios matemáticos de la filosofía natural*, dice: "Demuestro ahora el marco del sistema del mundo". Y lo hace mostrando cómo sus ecuaciones del movimiento y la gravedad predicen con exactitud el movimiento de los planetas, la Luna y los cometas. Tres siglos después esas mismas ecuaciones llevaron gente a la Luna.

▲ *Se dice que Newton comenzó a trabajar en su teoría de la gravedad cuando vio caer una manzana.*

▲ *Newton era un gran pensador, pero también un hombre práctico. No sólo construyó su telescopio, sino que fabricó las herramientas para hacerlo.*

SECRETOS Y CONTIENDAS

A lo largo de su vida, Newton se vio involucrado en muchas discusiones con otros científicos, debido en parte a su naturaleza reservada. Inventó una rama de las matemáticas llamada cálculo, que ha sido vital para la ciencia desde entonces, pero que no utilizó en sus libros. Un filósofo alemán, Gottfried Leibniz, también descubrió el cálculo; hubo muchas disputas sobre quién lo inventó primero.

EL DEBATE CIENTÍFICO

Newton se unió y más tarde dirigió un grupo científico de Londres llamado la Real Sociedad. Robert Hooke (arriba), un científico por derecho propio, era miembro fundador, y ambos riñeron muchas veces a lo largo de años. Esto se debió en parte a que, incluso en esa época, los científicos preferían el debate a los experimentos para decidir qué teorías eran correctas.

En 1689, Newton fue elegido miembro del Parlamento por la Universidad de Cambridge.

Volvió al Parlamento en 1701 y 1702, pero no fue un político muy memorable.

El único "discurso" que se conoce de él fue para pedir que se cerrara una ventana.

▼ Los telescopios más grandes de hoy se basan en el diseño de Newton. La mayoría de los objetos que estudian se mueven tal como predijeron sus leyes. Este telescopio, en La Palma, en las Islas Canarias, lleva su nombre.

MIRA DE CERCA

Con sólo 26 años, fue profesor de la Universidad de Cambridge. Ahí pasó mucho tiempo tratando de averiguar el futuro del mundo según las afirmaciones bíblicas.

ANDERS CELSIUS

S I BIEN CELSIUS ES FAMOSO POR LA ESCALA DE TEMPERATURA QUE LLEVA SU NOMBRE, TRABAJÓ TAMBIÉN EN OTRAS ÁREAS DE LA CIENCIA.

En Suecia puede verse a menudo la aurora boreal (despliegues de luz natural en el cielo). Celsius escribió uno de los primeros estudios científicos sobre estas luces. También midió la luminosidad de las estrellas, intentó averiguar qué tan lejos está el Sol e investigó el nivel decreciente del agua en el Mar Báltico.

Su escala de temperatura, la base para la que usamos hoy, tiene dos puntos fijos: el congelamiento y la ebullición del agua pura bajo presión atmosférica normal. Celsius dividió en 100 la distancia entre estos puntos para obtener grados centígrados.

1701 Nace en Uppsala, Suecia.

1723 Trabaja como secretario de la Sociedad Científica de Uppsala.

1731 Es profesor de astronomía.

1733 Publica su obra sobre la aurora boreal.

1736 Participa en la Expedición Laponia.

1740 Abre un observatorio en Uppsala.

1742 Propone su escala de temperatura a la Academia Sueca de las Ciencias.

1744 Muere de tuberculosis en Uppsala.

▼ *Conforme el agua se calienta, las moléculas se cargan de energía y se mueven más rápido, ocasionando una fricción más fuerte. En el punto de ebullición, se separan por completo.*

Newton tenía la teoría de que la rotación de la Tierra achata sus polos.

Celsius se unió a una expedición al extremo norte de Suecia, la "Expedición Laponia".

Midieron la forma de la Tierra y comprobaron que la teoría de Newton era correcta.

EL CRÁTER CELSIUS DE LA LUNA

Un cráter en la Luna se llama Celsius. La mayoría de los cráteres lunares se formaron hace millones de años, cuando algunos meteoritos chocaron con la Luna. Celsius tiene un diámetro de 36 km y está dentro de un cráter más grande y viejo. La superficie lunar está marcada por millones de impactos de cráteres que pueden medir cientos de kilómetros de diámetro.

MIRA DE CERCA

En la escala de Celsius, el punto de ebullición del agua era 0 y el de congelamiento 100. Pocos años después de su muerte, Carl Linnaeus la invirtió, y es así como la usamos hoy.

▼ Celsius preparó y dirigió el Observatorio Astronómico de Uppsala. Lo equipó con los instrumentos más novedosos, que compró en sus viajes a Francia, Italia y Alemania.

CARL LINNAEUS

Botánico y explorador, Linnaeus fue el primero en inventar un sistema sencillo y práctico para nombrar a todo ser vivo. Este sistema todavía se utiliza.

Linnaeus nació el 23 de mayo de 1707 en el pueblo de Stenbrohult, al sur de Suecia. Su padre fue ministro y dedicado jardinero. Desde 1727, Carl realizó estudios de medicina y botánica en varias universidades. Todo esto condujo a la publicación en 1735 de la primera edición de su clasificación de los seres vivos, el *Systema Naturae*. En 1741, ocupó una cátedra en la Universidad de Uppsala, donde restauró el jardín botánico e inspiró a muchos estudiantes, incluido Daniel Solander.

Tras la muerte de Linnaeus, un coleccionista envió su obra por barco a Inglaterra.

Cuando el rey de Suecia se enteró, envió otro barco para recuperar la colección.

El barco del coleccionista escapó y la colección ha permanecido en Londres.

◀ Esta página ilustrada proviene del Systema Naturae, el libro de Linnaeus, que pasó de ser un delgado panfleto a ocupar varios volúmenes.

▶ El jardín botánico de la Universidad de Uppsala está tal como era en vida de Linnaeus. Las plantas están ordenadas según su sistema de clasificación.

EL VIAJE DEL *ENDEAVOUR*

Daniel Solander, alumno de Linnaeus, se unió al primer viaje de James Cook por el Océano Pacífico a bordo del Endeavour (arriba). Solander acuñó el nombre de Botanist Bay ("botánico de la bahía"), que se convirtió en Botany Bay.

1707 Nace en Suecia.

1727 Estudia medicina y botánica en varias universidades.

1731 Organiza una expedición botánica a Laponia para recolectar plantas.

1735 Publica la primera edición del *Systema Naturae*.

1741 Es nombrado profesor de la Universidad de Uppsala.

1758 Funda un museo en Hamarby para su colección botánica.

1761 Recibe el título Carl von Linné.

1778 Muere en Uppsala.

MIRA DE CERCA

Linnaeus intentó cultivar plantas para fortalecer la economía sueca. Por desgracia, el cacao, el té, el café, el plátano y el arroz no crecieron en el frío clima sueco.

William y Caroline Herschel

De joven, Frederick William Herschel (conocido como William) amaba la música y tocaba el oboe. También amaba Inglaterra, donde se estableció tras una visita que hizo de adolescente.

Pero el amor más grande de Herschel era la astronomía. Cuando su hermana Caroline lo alcanzó en Bath, comenzaron a construir un telescopio. Luego hicieron versiones más grandes y juntos estudiaron el cielo nocturno. Caroline descubrió muchos cometas y nebulosas, y William encontró cinco mundos: el planeta Urano, dos de sus lunas y dos lunas de Saturno. Hizo el primer mapa del universo estelar.

Con sus observaciones, William intentó descubrir la forma de nuestra galaxia.

Mientras trabajaban, él y Caroline catalogaron algunas pequeñas áreas nubosas.

William decía que eran galaxias. Se comprobó 100 años después.

1738   Nace en Hannover, Alemania.

1756   William se muda a Inglaterra.

1757   Estalla la Guerra de los Siete Años.

1781   Descubre el planeta Urano.

1783   Descubre que el Sol se mueve a través del espacio.

1787   Descubre dos lunas de Urano.

1789   Descubre dos lunas de Saturno.

1821   Es presidente electo de la Real Sociedad Astronómica.

1822   Muere a los 84 años (¡84 años en la Tierra son 1 año en Urano!)

▶ El telescopio más grande que hicieron tenía un tubo de hierro de 12 m con un espejo de más de 1 m de diámetro. Un astrónomo cayó del aparato y se rompió un brazo.

ASTRONOMÍA INVISIBLE

William descubrió que la luz solar contiene rayos de calor invisibles, hoy llamados infrarrojos. Los telescopios modernos captan la luz infrarroja de las estrellas, planetas y galaxias que los Herschel descubrieron.

▲ Cuando descubrió Urano, el primer planeta nuevo en miles de años, William se hizo rico y famoso. Lo llamó primero "Estrella de Jorge", en honor al rey inglés.

MIRA DE CERCA

Algunas ideas de William eran erróneas. Creía que las manchas solares eran agujeros de la atmósfera en llamas por donde se veía la superficie fresca del Sol.

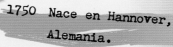

1750 Nace en Hannover, Alemania.

1772 Se muda a Inglaterra.

1783 Descubre tres nebulosas.

1786- Descubre ocho
1797 cometas.

1796 Jorge III le otorga un salario, convirtiéndola en la primera mujer científica profesional.

1822 Regresa a Hannover cuando William muere.

1828 Recibe la Medalla de Oro de la Real Sociedad Astronómica por su catálogo de nebulosas.

1848 Muere en Hannover.

ANTOINE LAVOISIER

EL FUNDADOR DE LA QUÍMICA MODERNA, EL NOBLE FRANCÉS ANTOINE-LAURENT DE LAVOISIER, DESCUBRIÓ QUE EL OXÍGENO ES NECESARIO PARA LA RESPIRACIÓN Y LA COMBUSTIÓN. NOMBRÓ AL HIDRÓGENO Y AYUDÓ A FIJAR LOS NOMBRES QUÍMICOS QUE USAMOS HOY.

De familia rica, Lavoisier nació en París. A la muerte de su madre, y con tan sólo 5 años, heredó una gran fortuna. Estudió química, botánica, astronomía y matemáticas, pero se recibió en derecho. A los 25 años fue aceptado en la Academia Francesa de las Ciencias. Siendo uno de los 28 recolectores de impuestos del Gobierno, desarrolló el sistema métrico. Todo esto ocurrió antes de que se le acusara de traidor por su trabajo. Fue ejecutado en 1794, en plena Revolución francesa.

1743 Nace en París.

1754– Estudia derecho en
1761 el Colegio Mazarin.

1764 Publica sus primeros textos científicos.

1768 Es elegido miembro de la Academia Francesa de las Ciencias.

1769 Se vuelve recolector de impuestos de la Ferme Générale.

1771 Se casa con Marie-Anne Pierrette Paulze, quien tradujo e ilustró sus libros.

1787 Escribe su Método de nomenclatura química.

1794 Es decapitado durante la Revolución francesa.

◄ Lavoisier y su esposa trabajaron juntos. Ella aprendió inglés para ayudarlo a traducir. También hizo dibujos de sus experimentos y su laboratorio.

Lavoisier fue químico, matemático, biólogo, economista, abogado (aunque nunca practicó el derecho), geólogo, recolector de impuestos, escritor y político.

▲ Ésta es una reconstrucción del laboratorio de Lavoisier en París, donde llevó a cabo muchos experimentos.

Lavoisier fue un hombre con habilidad para varias ramas de la ciencia, incluidas las matemáticas.

Reemplazó cientos de sistemas de pesos y medidas, transformando así las prácticas francesas.

EXPERIMENTOS CON OXÍGENO

A través de sus experimentos, Lavoisier descubrió que el agua se compone de oxígeno e hidrógeno, y que el aire es una mezcla de gases, ante todo nitrógeno y oxígeno. Sus experimentos más importantes fueron sobre la naturaleza de la combustión. Demostró que algo se quema sólo cuando otra sustancia se combina rápidamente con el oxígeno. También dio nombre a este gas.

Edward Jenner

Jenner, joven doctor que trabajaba en un pequeño pueblo inglés, salvó a innumerables personas de la viruela, una enfermedad que mataba al **20%** de sus víctimas y dejaba a otras ciegas, sordas o con secuelas horribles.

En la época de Jenner, 10% de las muertes se debían a la viruela. Jenner escuchó que quienes contraían una enfermedad llamada vacuna nunca contraían viruela, y decidió investigar. Infectó a varias personas con vacuna y luego con una versión debilitada de viruela. Ninguna se enfermó y el tratamiento (llamado también vacuna, del latín *vacca*) se adoptó en todo el mundo.

MIRA DE CERCA

En su tiempo libre, Jenner estudiaba plantas y animales. Fue él quien descubrió que, cuando un cuco pone un huevo en el nido de otra ave, su bebé destruye los otros huevos.

1749 Nace en Berkeley, Inglaterra.

1770-1772 Es aprendiz de John Hunter, famoso cirujano de Londres.

1772 Regresa a Berkeley.

1796 Realiza sus experimentos con las vacunas.

1798 Publica sus hallazgos.

1802 El Gobierno le otorga £10 000.

1821 Es nombrado Médico Extraordinario de Jorge IV.

1823 Presenta un estudio sobre la migración 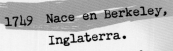; muere en Berkeley.

UNA BURLA

C uando la gente oyó hablar del tratamiento de Jenner para la viruela, hubo quien se burló, como este artista, en cuya caricatura brotan vacas de la gente que Jenner ha vacunado. Sin embargo, la vacunación contra la viruela no tardaría en tomarse con gran seriedad. De hecho, la vacunación se hizo obligatoria en Gran Bretaña en 1853. Para 1980, la enfermedad había sido erradicada del mundo.

▼ *Jenner vacunó primero a James Phipps, de 14 años. Con una espina le pinchó la piel e introdujo pus tomada de las pústulas de una lechera infectada de vacuna (abajo). El cuerpo de James "aprendió" a combatir no sólo la vacuna, sino la viruela.*

El éxito de Jenner
lo convirtió en héroe y se
hizo famoso en todo el mundo.

En plena guerra, Jenner le pidió
a Napoleón velar por el viaje
de dos científicos británicos.

Napoleón aceptó de inmediato,
diciendo: "No podemos negarle
nada a este hombre".

▼ *Jenner dibujó esta mano de un infectado con vacuna. Aquí se ven las pústulas de las que tomó el líquido que usó para vacunar. Las lecheras solían contagiarse por estar en contacto con las ubres de vacas infectadas.*

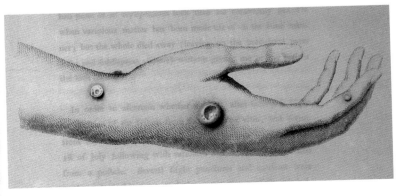

En el siglo XIX, las nuevas redes ferroviarias fueron un ejemplo visible del triunfo de la ciencia: los trenes, las vías y las estaciones se basaron en descubrimientos e invenciones científicas.

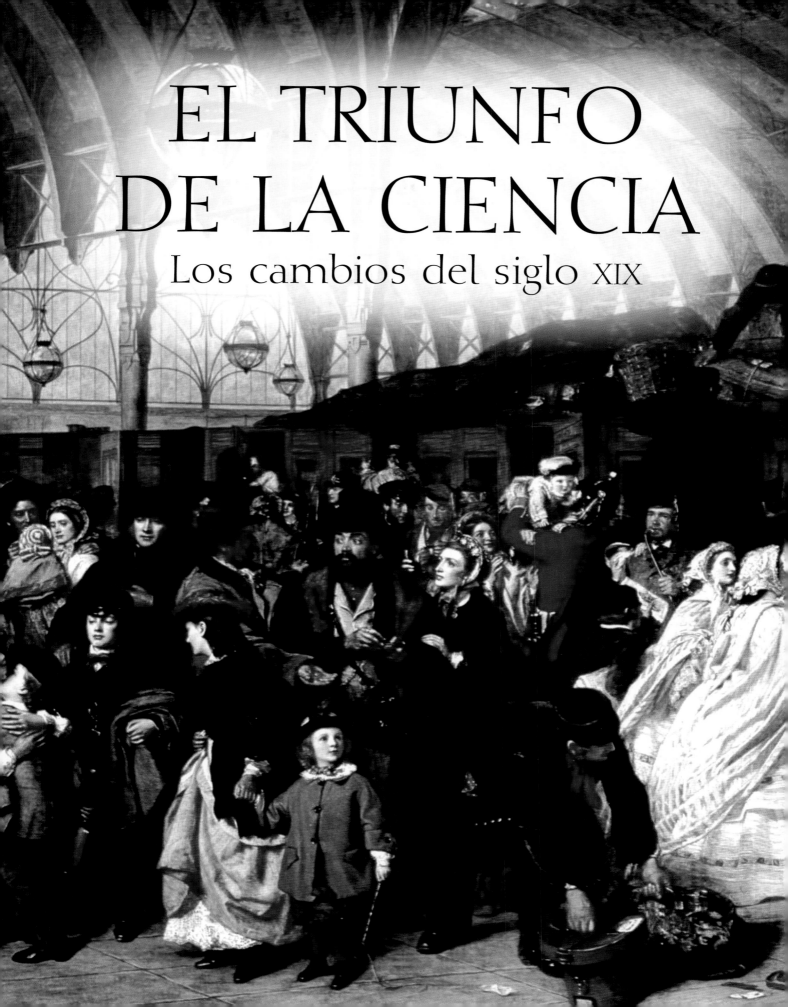

EL TRIUNFO DE LA CIENCIA

Los cambios del siglo XIX

En el siglo XIX, la CIENCIA se convirtió en una FUERZA que cambió la sociedad. EVOLUCIONÓ de una disciplina que explicaba el MUNDO a una que lo transformaba.

La ciencia en acción

LAS TEORÍAS CIENTÍFICAS DIERON PIE A NUEVOS E IMPRESIONANTES INVENTOS: LOS TRENES, LA RADIO, LA ENERGÍA ELÉCTRICA Y LAS PRIMERAS COMPUTADORAS. Los científicos sondearon el mundo a mayor profundidad, empezaron a revelar los secretos del átomo y a comprender por qué los seres vivos son como son. Al mismo tiempo, hubo nuevos conflictos entre ciencia y religión. Antes, mucha gente aceptaba que la religión no era la única forma de explicar las cosas. Pensaban que la ciencia tenía su lugar también, siempre y cuando sus descubrimientos no chocaran con sus creencias. Pero, gracias a Darwin, hubo un choque.

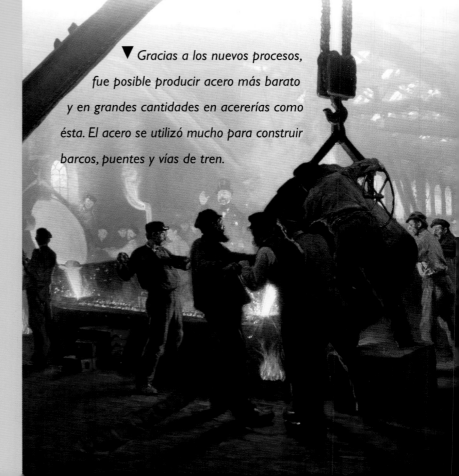

▼ *Gracias a los nuevos procesos, fue posible producir acero más barato y en grandes cantidades en acererías como ésta. El acero se utilizó mucho para construir barcos, puentes y vías de tren.*

CHOQUE DE IDEAS

En 1860 hubo un furibundo debate en Oxford. Thomas Huxley (abajo a la derecha) sostenía que el enfoque científico de Darwin era la vía para descubrir el origen de la especie humana. El obispo William Wilberforce (abajo a la izquierda) se oponía. A Huxley lo apodaron "el buldog de Darwin", por su enérgica defensa, y a Wilberforce, "Sam el jabonoso", por su hábito de frotarse las manos mientras hablaba.

▲ Muchas personas se interesaron por la ciencia, en parte debido a su creciente importancia y en parte por el trabajo de gente como Michael Faraday, que daba entretenidas lecciones de ciencia en la Real Institución de Londres.

MIRA DE CERCA

La ciencia no siempre es un proceso constante de desarrollo. Al final del siglo XIX, los descubrimientos sobre el átomo mostraron que algunas teorías previas eran incorrectas.

Michael Faraday

Faraday nació en un barrio bajo londinense y se convirtió en uno de los científicos más importantes de su época por sus descubrimientos de física y química.

Su interés comenzó al obtener un pase gratuito a unas clases de ciencia de Sir Humphry Davy, quien era un destacado químico que más tarde dio empleo a Faraday y lo llevó a un viaje científico por Europa.

Además de hacer descubrimientos prácticos, Faraday estudió las ciencias básicas de la naturaleza, pese a no tener equipo. Buscando las leyes que rigen la electricidad, midió la intensidad de las descargas de anguilas tocándolas… ¡con la lengua!

MIRA DE CERCA

Faraday pertenecía a una secta religiosa, los sandemanianos. Un día fue a ver a la reina Victoria en lugar de ir a la iglesia. Perdió su puesto de consejero de la secta por 16 años.

▼ Dicen que la reina Victoria le preguntó a Faraday de qué servían sus descubrimientos sobre electricidad, y él contestó: "¿De qué sirve un recién nacido?". Entre otras cosas, sirvieron para crear sistemas de iluminación que hacen brillar el lado nocturno de la Tierra.

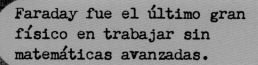

Faraday fue el último gran
físico en trabajar sin
matemáticas avanzadas.

Explicó detalladamente
sus teorías definiendo muchos
términos técnicos nuevos.

◀ *Los descubrimientos químicos
de Faraday incluyen el benceno, nuevos
tipos de vidrio y acero, y métodos para
convertir gases en líquidos.*

1791 Nace en Londres,
Inglaterra.
1805 Es aprendiz de un
encuadernador.
1813 Es asistente
de química de
Humphry Davy.
1821 Lo nombran superintendente
de la Real Institución.
1830 Da clases de química.
1831 Descubre el principio detrás
del motor eléctrico, el dínamo
y el transformador.
1844 Es elegido miembro de la Academia
Francesa de las Ciencias.
1867 Muere en Hampton Court, Londres.

EL RÍO APESTOSO

Faraday se hizo muy famoso y lo consultaban para muchas cosas, desde faros hasta contaminación. En 1855 escribió al Times sobre la contaminación del río Támesis, explicando que el agua estaba tan sucia que al arrojar pedazos de cartón blanco desaparecían rápidamente. Esta caricatura lo muestra entregando una tarjeta al *Viejo Padre Támesis.*

CHARLES BABBAGE

BABBAGE SOÑABA CON UN MUNDO EN EL QUE LAS MÁQUINAS LIBRARAN A LA GENTE DE TAREAS ABURRIDAS, COMO CALCULAR TABLAS DE INFORMACIÓN, Y LAS HICIERAN SIN COMETER ERRORES.

Babbage fue matemático, ingeniero mecánico e inventor. Gracias a sus diseños de máquinas que más tarde se llamarían computadoras, su sueño se volvió realidad. Pero Babbage no lo vería. Durante su vida sólo se construyeron versiones imperfectas de las complicadas máquinas mecánicas que diseñó. Las computadoras de hoy no están hechas de pequeños engranes y ruedas, como las de Babbage, sino de componentes electrónicos inventados mucho tiempo después de su muerte.

MIRA DE CERCA

En 1838, Babbage inventó un armazón metálico que se fijaba al frente de los trenes para empujar vacas y otros obstáculos fuera de las vías férreas.

1791 Nace en Londres, Inglaterra.

1810- Asiste a la
1814 Universidad de Cambridge.

1816 Es elegido miembro de la Real Sociedad.

1819- Construye una calculadora a la
1822 que llama Máquina de Diferencias.

1823 Recibe la Medalla de Oro de la Real Sociedad Astronómica por su Máquina de Diferencias.

1836 Completa sus planes para la Máquina Analítica.

1871 Muere en Londres.

LA MÁQUINA DE DIFERENCIAS

En 1991, en el Museo de Ciencias de Londres, se completó por fin una de las obras maestras de Babbage: la Máquina de Diferencias Número 2, que pesa 2.6 toneladas y consta de más de 4 000 piezas. La Máquina Analítica habría sido mucho más compleja. Su diseño incluye las funciones básicas de las computadoras actuales, como memoria y capacidad de realizar labores según una programación. Para funcionar, habría requerido una máquina de vapor.

▼ *En tiempos de Babbage, las telas de diseños complicados se tejían en máquinas llamadas telares de Jacquard. El tejido se controlaba con tarjetas perforadas. Dichas tarjetas se cambiaban para modificar el diseño.*

Babbage se esforzó en reducir lo que hoy podríamos llamar contaminación sonora.

Su dedicación condujo a una ley que restringía las actividades de los músicos callejeros.

▲ *Éstas son las tarjetas que controlan los diseños de un telar de Jacquard. Babbage planeaba usar unas similares para sus máquinas, y de hecho las primeras computadoras emplearon este método.*

CHARLES DARWIN

DARWIN, UNO DE LOS CIENTÍFICOS MÁS INFLUYENTES, SÓLO QUERÍA LLEVAR UNA VIDA TRANQUILA. PERO EN UNA EXPEDICIÓN CIENTÍFICA ENCONTRÓ PRUEBAS QUE CONTRADECÍAN LO QUE LA GENTE DE SU ÉPOCA PENSABA SOBRE LOS SERES VIVOS.

Darwin se dio cuenta de que cada animal y cada planta cambia a lo largo del tiempo, idea que generó un airado debate. Dentro de cada conjunto de seres vivos existen muchas pequeñas diferencias. Por ejemplo, en un grupo de mariposas, una puede tener alas más oscuras que el resto. Esto le permite confundirse con los árboles sobre los que descansa y evitar que otros animales se la coman. Ésta sobrevivirá y tendrá descendencia de alas oscuras. Después de varios años, todas las de la zona serán oscuras.

1809	Nace en Shrewsbury, Inglaterra.
1825	Estudia medicina en la Universidad de Edimburgo.
1828-1831	Estudia una licenciatura en artes en la Universidad de Cambridge.
1831-1836	Emprende un viaje científico en el *Beagle*, un barco inglés.
1859	Publica su teoría *Sobre el origen de las especies por medio de la selección natural*.
1871	Publica *El origen del hombre*, donde ahonda en su teoría.
1882	Muere en Downe, Inglaterra.

▼ *Durante su viaje en el* Beagle, *Darwin visitó las Islas Galápagos (abajo). Le interesaba la geología, así que desarrolló una teoría para explicar cómo se forman atolones como éste.*

Mira de cerca

Darwin no sólo echó abajo teorías sobre los seres vivos. Concluyó que la Tierra debía ser mucho más vieja de lo que decía la Biblia, lo cual causó gran controversia.

Darwin no siempre congenió con el capitán del *Beagle*, Robert FitzRoy.

Uno de los motivos era que a FitzRoy ¡no le gustaba la forma de la nariz de Darwin!

LOS PINZONES DE DARWIN

La idea central en la teoría de Darwin es que los seres vivos evolucionan para adaptarse al lugar en que viven. Cuando visitó las Islas Galápagos, escuchó que las tortugas de cada isla tenían distintas formas. También recolectó muchos pinzones (arriba) y descubrió que eran diferentes en cada isla. Los picos de los pinzones tenían la forma adecuada para comer el alimento disponible en cada isla particular, desde gusanos hasta semillas o nueces duras. A lo largo de generaciones, los pinzones habían evolucionado para adaptarse perfectamente a su entorno.

▲ En su viaje, Darwin presenció un temblor, erupciones volcánicas, una revolución y fue atacado por insectos. Encontró murciélagos y reptiles enormes, y mariposas que chasqueaban.

Al paso de varias generaciones, pueden acumularse cambios minúsculos para producir criaturas muy distintas a sus antecesores, así es como algunos dinosaurios, tras millones de años, se volvieron pájaros.

La Iglesia sostenía que Dios había creado al hombre y a todos los seres vivos tal como son hoy. Así que, cuando Darwin publicó sus ideas junto con toneladas de datos para probarlas, hubo fuertes debates. Y los hay todavía, aunque casi ningún científico duda de la teoría de Darwin.

MIRA DE CERCA

En 1839, Darwin se casó con Emma Wedgwood, su prima. Tuvieron 10 hijos. Cada vez que se enfermaban él temía que fuese consecuencia de casarse con un pariente cercano.

▲ El estudio de Darwin, donde escribió sus numerosos libros. Cerca, Darwin tenía un invernadero lleno de plantas carnívoras.

WALLACE Y DARWIN

Darwin sabía que sus teorías afectarían a muchos, incluso a su esposa, una cristiana devota, así que no las publicó durante más de 20 años. Finalmente lo hizo porque el naturalista y explorador británico Alfred Russel Wallace (1823-1913, a la izquierda) ¡tuvo la misma idea y le escribió a Darwin! Ambos científicos publicaron varios artículos juntos en 1858, pero éstos generaron poco interés en su momento.

▲ *Darwin no creía que nuestros ancestros fueran los monos, pero la gente se burlaba de la idea en caricaturas humorísticas que aparecían en los periódicos.*

Darwin cayó enfermo después de su viaje y nunca se recuperó del todo.

Nadie sabe qué enfermedad tenía. Es posible que fuera psicológica.

LA SUPERVIVENCIA DEL MÁS APTO

En sus viajes, Darwin encontró restos de muchos animales extintos. Se dio cuenta de que esto se debía a que otras criaturas, más capaces de sobrevivir, habían tomado su lugar. Por ejemplo, los dinosaurios (arriba) murieron cuando el mundo se enfrió. Los primeros ancestros de los mamíferos soportaban mejor el frío, así que lograron sobrevivir.

GREGOR MENDEL

MENDEL QUERÍA TRANSFORMAR LA BIOLOGÍA DE LA MISMA MANERA EN QUE NEWTON HABÍA TRANSFORMADO LA FÍSICA. Y LO LOGRÓ. SIN EMBARGO, A SU MUERTE, LA OBRA DE MENDEL ERA CASI DESCONOCIDA.

Mendel investigó por qué los seres vivos se parecen a sus progenitores y encontró las leyes que describen cómo se transmiten similitudes de un padre a un hijo. Para hacerlo, experimentó con chícharos y abejas. Incluso crió accidentalmente un nuevo tipo de abejas, ¡tan feroces que tuvo que destruirlas! Años después de su muerte otros científicos notaron la importancia de su obra y lo reconocieron como padre de la genética.

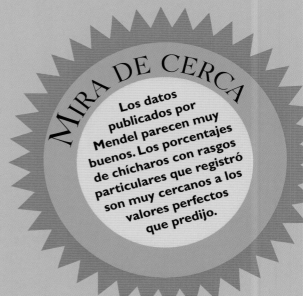

MIRA DE CERCA

Los datos publicados por Mendel parecen muy buenos. Los porcentajes de chícharos con rasgos particulares que registró son muy cercanos a los valores perfectos que predijo.

▼ *Mendel fue monje casi toda su vida. Éste es el jardín del monasterio donde cultivó más de 20 000 chícharos para su investigación. En 1870, un tornado lo destruyó. Mendel, siendo meteorólogo, lo disfrutó bastante.*

1822 Nace Johann Mendel en Heinzendorf (hoy República Checa).

1843 Ingresa al monasterio de Santo Tomás en Brno (hoy República Checa) y recibe el nombre de Gregor.

1856 Comienza sus estudios sobre la herencia en chícharos.

1866 Publica *Experimentos sobre híbridos en las plantas*.

1868 Se vuelve abad.

1884 Muere en Brno.

1900 Se redescubre la obra de Mendel.

En 1865 Mendel dio dos presentaciones para explicar su trabajo sobre la herencia.

Se dice que nadie hizo una sola pregunta en ninguna de las presentaciones.

LAS LEYES DE LA HERENCIA

Mendel descubrió que en nuestro cuerpo hay estructuras —que hoy llamamos alelos— que existen en pares y controlan muchas características, como el color de los ojos. Cuando dos personas tienen hijos, cada niño hereda un alelo de color de ojos de cada padre. Sólo los niños que hereden dos alelos de ojos azules tendrán ojos azules. Si tienen un alelo de ojos castaños y otro de azules, sus ojos serán castaños. Como el alelo de ojos castaños "controla" el color de los ojos, se llama "dominante". El alelo de ojos azules se llama "recesivo". Hoy sabemos que toda la información biológica que se transmite de padres a hijos está contenida en estructuras llamadas genes.

▼ Esta herramienta de enseñanza del siglo XIX contiene especímenes de plantas y procede del Museo Mendel. Sobrevivieron muy pocos materiales de su investigación, pues su sucesor, el abad Anselm Rambousek, destruyó la mayoría.

LOUIS PASTEUR

LOUIS PASTEUR SE FIJABA GRANDES METAS. CUANDO PRESENTÓ UN EXAMEN PARA LA MEJOR ESCUELA DE PARÍS, QUEDÓ EN 15° LUGAR. ESTUDIÓ OTRO AÑO Y VOLVIÓ A PRESENTAR EL EXAMEN. QUEDÓ EN 4° LUGAR.

En materia de ciencia, sus metas eran igual de altas. A través de su trabajo, salvó más vidas que cualquier otro científico. Desarrolló vacunas contra el ántrax, la rabia y otras enfermedades, y demostró cómo se esparcen los gérmenes. Inventó la pasteurización, un método para matar los gérmenes del vino. Hoy se usa para que la leche pueda beberse de forma segura.

Hacia el final de su vida, el Instituto Pasteur abrió sus puertas en París, con Louis como director, y desde entonces ha luchado contra las enfermedades.

▶ *Aquí vemos a Pasteur, encarnado por el actor francés Bernard Fresson en la película* Pasteur, *en su laboratorio. El científico se volvió famoso y fue llamado a combatir una plaga que estaba acabando con los gusanos de seda.*

1822   Nace en Dole, Francia.

1849   Es profesor de química en la Universidad de Estrasburgo.

1854   Es profesor de química en la Universidad de Lille.

1865   Patenta la pasteurización.

1881   Desarrolla una vacuna para ovejas contra el ántrax.

1885   Prueba con éxito su vacuna contra la rabia en un niño mordido por un perro rabioso.

1888   Se inaugura el Instituto Pasteur.

1895   Muere en París, Francia.

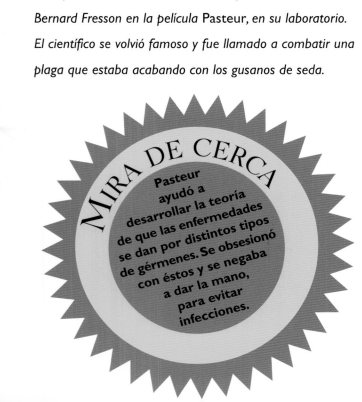

MIRA DE CERCA

Pasteur ayudó a desarrollar la teoría de que las enfermedades se dan por distintos tipos de gérmenes. Se obsesionó con éstos y se negaba a dar la mano, para evitar infecciones.

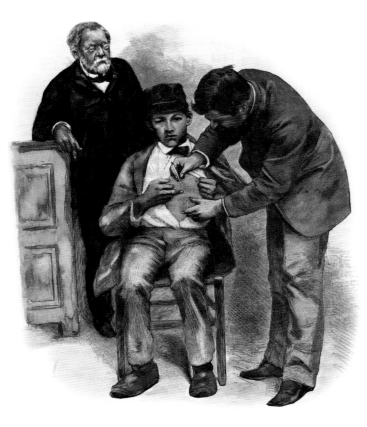

En esa época, se pensaba que los gérmenes nacían "de pronto" en la materia muerta.

Los experimentos de Pasteur mostraron que los gérmenes son producto de otros gérmenes.

◄ *Pasteur probó su vacuna, con gran riesgo, en un niño mordido por un perro rabioso. ¡Por fortuna funcionó! La vacuna puede proteger aun después de que alguien resulta mordido.*

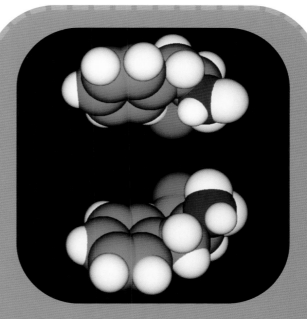

IMÁGENES EN ESPEJO

Pasteur comenzó su carrera científica como químico. Descubrió sustancias con ingredientes idénticos, pero que existen en pares de estructuras en espejo (representados en la ilustración de arriba). Éstas cambian la forma en que las sustancias afectan a los seres vivos. Por ejemplo, una de estas estructuras combate la tuberculosis, pero su versión en espejo causa ceguera.

JAMES CLERK MAXWELL

A MAXWELL LE DECÍAN "BOBO" EN LA ESCUELA, PERO CUANDO TENÍA SÓLO 15 AÑOS INVENTÓ UN MECANISMO PARA DIBUJAR CURVAS CON UN TROZO DE CÁÑAMO. ÉSTE FUE PUBLICADO EN LA REAL SOCIEDAD DE EDIMBURGO.

Se convirtió en uno de los físicos más importantes. Hizo descubrimientos de biología, electricidad, magnetismo, astronomía y termodinámica (la ciencia del calor). En 1874 fundó el Laboratorio Cavendish, uno de los más avanzados del mundo. Tristemente, no lo dirigió por mucho tiempo, pues murió en 1879, con sólo 48 años. En su corta vida, publicó muchos artículos científicos sobre sus descubrimientos y además escribió poemas sobre ciencia.

EL DEMONIO DE MAXWELL

Maxwell contribuyó al desarrollo de la teoría cinética de los gases, que explica el calor como el movimiento de moléculas. El calor fluye de un área caliente a una fría. Imaginó un demonio que abría y cerraba una puerta para que las moléculas veloces (rojas) se agruparan en un área y las lentas (azules) en otra. Esto invertiría el proceso y haría fluir el calor de una zona fría a una caliente. Más tarde se demostró que ni un demonio podría lograrlo.

1831   Nace en Edimburgo, Escocia.

1860-1865   Es profesor en el King's College de Londres.

1861   Es elegido miembro de la Real Sociedad de Londres.

1864   Publica ecuaciones que explican la electricidad y el magnetismo.

1871   Es el primer profesor del Laboratorio Cavendish, en Cambridge.

1879   Muere de un ataque cardiaco en Cambridge, Inglaterra.

1887   Las ondas de radio que Maxwell predijo son descubiertas por Heinrich Hertz.

Maxwell descubrió y publicó las leyes que vinculan la electricidad y el magnetismo.

Sus leyes —las ecuaciones de Maxwell— revelan que la luz es una onda electromagnética.

Maxwell también usó esas leyes para predecir la existencia de ondas de radio.

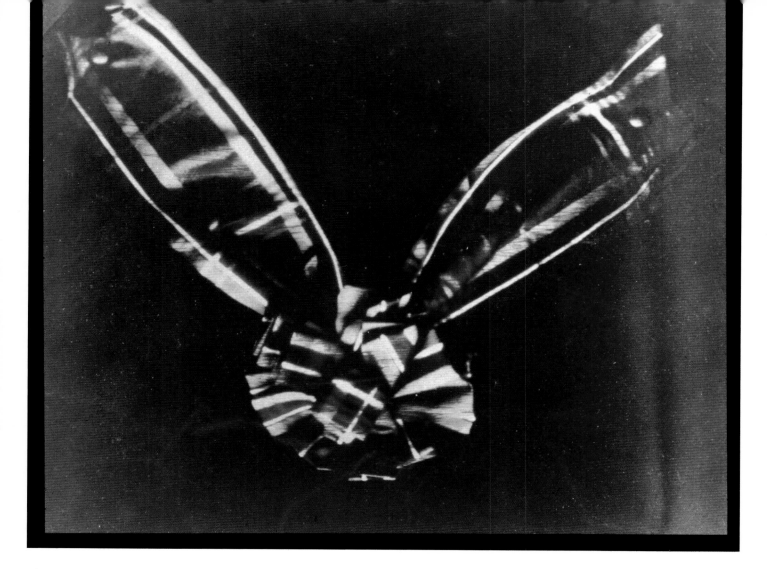

▲ En 1861, Maxwell tomó esta fotografía a color —la primera del mundo— de una cinta de tartán. Tomó tres fotografías, cada una con un filtro de color distinto, y las juntó.

MIRA DE CERCA

Maxwell demostró que los anillos de Saturno están hechos de multitud de objetos diminutos, pues si fueran sólidos o estuvieran hechos de líquido o gas, se desharían.

DETENGAN AL PERRO

Maxwell tenía un perro terrier con el que le encantaba hacer trucos. A su mascota le gustaba particularmente correr en círculos persiguiendo su propia cola. Los amigos de Maxwell solían alentar al perro a hacerlo, pero, aunque era fácil comenzar, sólo Maxwell lo podía detener. Él movía su mano en círculos, primero hacia un lado y luego hacia el otro. Cada vez que ésta cambiaba de dirección, el perro hacía lo mismo. Poco a poco, Maxwell movía su mano más lentamente y el perro giraba más despacio, hasta que finalmente se detenía.

DMITRI MENDELÉIEV

TODAS LAS COSAS DEL UNIVERSO ESTÁN COMPUESTAS DE UNOS 100 "ELEMENTOS". EN LA TIERRA, LA MAYORÍA DE ÉSTOS ESTÁN COMBINADOS ENTRE SÍ, Y SEPARARLOS PUEDE SER DIFÍCIL. SIN EMBARGO, NO ES TAN COMPLICADO COMO PREDECIR LA EXISTENCIA DE ELEMENTOS NUEVOS.

El químico ruso Dmitri Mendeléiev se propuso enumerar todos los elementos conocidos según su peso. Así descubrió su patrón, un patrón con huecos que, según predijo acertadamente, debían ser llenados. Fue su intento por clasificar los elementos según sus propiedades químicas lo que dio lugar a la moderna tabla periódica. ¡Dicen que tuvo esta idea en un sueño!

CLAVE DE LA TABLA

- No metales
- Metales alcalinos
- Metales alcalinotérreos
- Metales de transición

1 H Hidrógeno					
3 Li Litio	4 Be Berilio				
11 Na Sodio	12 Mg Magnesio				
19 K Potasio	20 Ca Calcio	21 Sc Escandio	22 Ti Titanio	23 V Vanadio	24 Cr Cromo
37 Rb Rubidio	38 Sr Estroncio	39 Y Itrio	40 Zr Circonio	41 Nb Niobio	42 Mo Molibdeno
55 Cs Cesio	56 Ba Bario	57 La Lantánidos	72 Hf Hafnio	73 Ta Tantalio	74 W Tungsteno
87 Fr Francio	88 Ra Radio	89 Ac Actínidos	104 Rf Rutherfordio	105 Db Dubnio	106 Sg Seaborgio

58 Ce Cerio	59 Pr Praseodimio	60 Nd Neodimio	61 Pm Promecio
90 Th Torio	91 Pa Protactinio	92 U Uranio	93 Np Neptunio

▲ *Ésta es una tabla periódica moderna que contiene todos los elementos conocidos hasta ahora. Las columnas se llaman grupos y las filas, periodos.*

GASES NOBLES

Los elementos de la última columna de la tabla periódica prácticamente no reaccionan con otros. Se llaman gases nobles. Éstos son helio, neón, argón, criptón, xenón, radón y ununoctio. Aquí, se hace brillar el elemento neón por medio de electricidad.

MIRA DE CERCA

Mendeléiev estaba interesado en la gente tanto como en las sustancias químicas. Viajaba en tren en tercera clase para hablar con otros sobre sus problemas.

- Gases nobles
- Metaloides
- Halógenos
- Otros metales
- Tierras raras

							2 **He** Helio
5 **B** Boro	6 **C** Carbono	7 **N** Nitrógeno	8 **O** Oxígeno	9 **F** Flúor	10 **Ne** Neón		
13 **Al** Aluminio	14 **Si** Silicio	15 **P** Fósforo	16 **S** Azufre	17 **Cl** Cloro	18 **Ar** Argón		

27 **Co** Cobalto	28 **Ni** Níquel	29 **Cu** Cobre	30 **Zn** Cinc	31 **Ga** Galio	32 **Ge** Germanio	33 **As** Arsénico	34 **Se** Selenio	35 **Br** Bromo	36 **Kr** Krypton
45 **Rh** Rodio	46 **Pd** Paladio	47 **Ag** Plata	48 **Cd** Cadmio	49 **In** Indio	50 **Sn** Estaño	51 **Sb** Antimonio	52 **Te** Teluro	53 **I** Yodo	54 **Xe** Xenón
77 **Ir** Iridio	78 **Pt** Platino	79 **Au** Oro	80 **Hg** Mercurio	81 **Tl** Talio	82 **Pb** Plomo	83 **Bi** Bismuto	84 **Po** Polonio	85 **At** Astato	86 **Rn** Radón
109 **Mt** Meitnerio	110 **Uun** Ununnilio	111 **Uuu** Unununio	112 **Uub** Ununbio	113 **Uut** Ununtrio	114 **Uuq** Ununquadio	115 **Uup** Ununpentio	116 **Uuh** Ununhexio	117 **Uus** Ununseptio	118 **Uuo** Ununoctio

64 **Gd** Gadolinio	65 **Tb** Terbio	66 **Dy** Disprosio	67 **Ho** Holmio	68 **Er** Erbio	69 **Tm** Tulio	70 **Yb** Yterbio	71 **Lu** Lutecio
96 **Cm** Curio	97 **Bk** Berquelio	98 **Cf** Californio	99 **Es** Einstenio	100 **Fm** Fermio	101 **Md** Mendelevio	102 **No** Nobelio	103 **Lr** Laurencio

▼ *Mendeléiev acomodó los elementos que conocía en su tabla según el orden ascendente del peso de sus átomos. Cada columna contiene elementos con propiedades similares.*

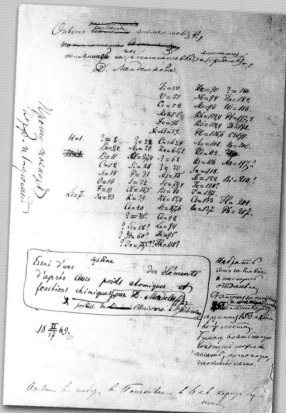

1834 Nace en Tobolsk, Rusia; es el menor de 14 hermanos.

1856 Se gradúa en la Universidad de San Petersburgo.

1866 Es profesor de química en la Universidad de San Petersburgo.

1869 Elabora su tabla periódica.

1891 Renuncia a su cátedra en apoyo a una protesta estudiantil.

1893 Es nombrado director de la Oficina de Pesos y Medidas.

1909 Muere de influenza en San Petersburgo.

1955 El elemento 101 es nombrado mendelevio.

Mendeléiev siempre estaba desaliñado, particularmente de viejo.

Se cortaba el cabello y la barba una vez al año, a pesar de la petición del zar Alejandro III.

Dijeron sobre su apariencia: "cada cabello actuaba de manera independiente de los demás".

WILHELM RÖNTGEN

UNA TARDE DE OTOÑO DE 1895, WILHELM RÖNTGEN ESTUDIABA LOS EFECTOS DE LA ELECTRICIDAD EN LOS GASES. DE PRONTO, LO SORPRENDIÓ UN BRILLO FANTASMAL EN UN EXTREMO DE SU OSCURO LABORATORIO DE LA UNIVERSIDAD DE WÜRZBURG.

El brillo provenía de un papel cubierto de una sustancia. Röntgen se dio cuenta de que ésta debía reaccionar a rayos desconocidos de su equipo. Los llamó rayos X. Descubrió que éstos atraviesan la carne, pero no los huesos, tal como lo demostró un asombroso vistazo a su propio esqueleto. Hoy, los científicos saben que los rayos X, la luz y las ondas de radio pertenecen al espectro electromagnético.

Röntgen fue galardonado con el primer Premio Nobel de Física, en 1901.

Donó todo el dinero del premio a su universidad, la Universidad de Munich.

▼ *Röntgen descubrió cómo tomar fotografías con rayos X, como ésta, la primera, que muestra la mano de su esposa. Se dice que ella exclamó: "¡He visto mi muerte!"*

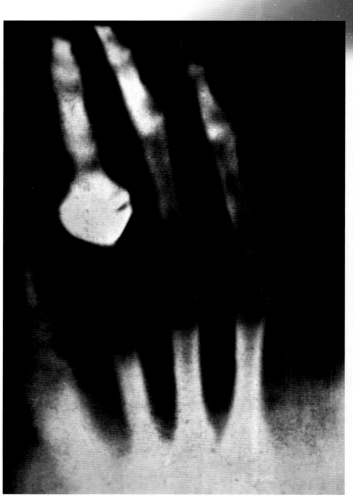

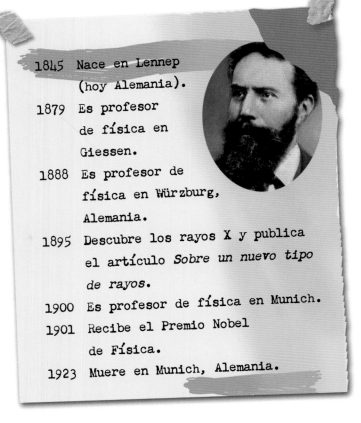

1845 Nace en Lennep (hoy Alemania).

1879 Es profesor de física en Giessen.

1888 Es profesor de física en Würzburg, Alemania.

1895 Descubre los rayos X y publica el artículo *Sobre un nuevo tipo de rayos*.

1900 Es profesor de física en Munich.

1901 Recibe el Premio Nobel de Física.

1923 Muere en Munich, Alemania.

▲ Los rayos X no sólo se producen en laboratorios, también están en la naturaleza. Una poderosa fuente fue descubierta en 1964 a unos 60 trillones de kilómetros de la Tierra, en la constelación Cygnus (arriba). Los rayos X se generan por la destrucción de la materia cuando ésta cae en un hoyo negro.

MIRA DE CERCA

Röntgen fue expulsado de su escuela, acusado falsamente de dibujar una caricatura de uno de sus maestros. Aunque sabía quién era el autor, se negó a decirlo.

LA NOVEDAD DE LOS RAYOS X

Los rayos X generaron mucho interés y entusiasmo. En parte, porque los doctores ya podrían ver dentro del cuerpo de un paciente sin la necesidad de una cirugía. Pero también por las extrañas imágenes que producían. Se hicieron muchas caricaturas como ésta.

Marie Curie

Marie Curie se entregó a la ciencia, pero eso le costó la vida. Junto con su esposo y colega Pierre Curie, descubrió dos nuevos elementos: el polonio y el radio.

Extraer estos dos elementos requirió, además de gran capacidad científica, mucho esfuerzo físico. Marie tenía que procesar más de una tonelada de un mineral llamado pecblenda para obtener 0.1 g de radio. Para esa época, el radio era un elemento único: nunca se enfría, pasa del blanco al negro por momentos y brilla en la oscuridad. El radio es un elemento radioactivo, es decir, produce radiación. No tardó en usarse para tratar ciertas formas de cáncer y la gente pensaba que era casi mágico. Pero también era mortífero. Marie Curie murió por estar expuesta a la radiación. Hasta hoy, sus cuadernos de notas son peligrosamente radioactivos.

UN ROMANCE CIENTÍFICO

Uno de los primeros regalos de Pierre a Marie fue un artículo que había escrito sobre cristalografía. Cuando le preguntaron a Marie qué vestido de bodas quería, pidió uno oscuro, para poder reutilizarlo más tarde en su trabajo de laboratorio. Ella y Pierre amaban el campo y solían dar paseos en bicicleta. En esta foto, Marie aparece extrañamente a la moda. Tenía poco interés en la ropa y sólo se compró un sombrero nuevo para una visita científica a Estados Unidos.

Durante la Primera Guerra Mundial, Marie diseñó una flota de 18 vehículos de rayos X para examinar a los soldados sin moverlos. A veces ella misma conducía estos carros.

1867 Nace María Sklodowska, en Varsovia, Polonia.

1891 Se muda a París a estudiar.

1895 Se casa con Pierre.

1898 Los Curie descubren el radio y el polonio.

1903 Los Curie y Henri Becquerel reciben juntos el Premio Nobel de Física (Marie fue la primera mujer en recibir un Nobel).

1906 Pierre muere en un accidente de carretera.

1911 Marie gana un segundo Nobel, esta vez de química.

1921 Viaja por EUA para recaudar fondos

1929 Segundo viaje a EUA.

1934 Muere de cáncer en Passy, Francia.

◄ Tras la muerte de Pierre en un accidente, Marie continuó sola con su trabajo. Su hermana Bronislawa también era científica. La hija y el yerno de Marie ganaron juntos un Premio Nobel de Química.

En los tiempos de Marie, muy pocas universidades aceptaban mujeres estudiantes.

Con poco dinero, y apenas unas palabras de francés, Marie acudió a La Sorbona en París.

Ahí, obtuvo el título en ambas materias: Física y Matemáticas.

RADIOACTIVIDAD

El radio produce radiación porque sus átomos son inestables: se separan repentinamente y liberan partículas veloces y una gran cantidad de energía. Parte de esta energía está en la luz y el calor que Marie notó. Los elementos radioactivos son útiles y a la vez peligrosos. Pueden usarse en centrales de energía nuclear, tratamientos contra el cáncer y detectores de humo, pero también producen cáncer, defectos congénitos y con ellos se fabrican armas nucleares. Desde que Marie Curie descubriera el radio, se han aislado más de 30 elementos radioactivos.

ERNEST RUTHERFORD

ERNEST RUTHERFORD, HIJO DE UN GRANJERO DE NUEVA ZELANDA, SE CONVIRTIÓ EN BARÓN, PROFESOR DE DOS UNIVERSIDADES, PRESIDENTE DE LA REAL SOCIEDAD Y DEL INSTITUTO DE FÍSICA, Y DIRECTOR DEL LABORATORIO CAVENDISH, EN CAMBRIDGE, ASÍ COMO GANADOR DE UN NOBEL EN 1908.

Podía ser un científico aterrador y exigente. Solía cantar muy fuerte en su laboratorio y se ganó el apodo de "el Cocodrilo". A veces, en su clase, cometía errores en sus cálculos y llamaba "zoquetes" a sus escuchas por no corregirlo. Pero fue uno de los mejores físicos experimentales. También fue uno de los más grandes líderes científicos, y formó equipos de fieles seguidores.

▶ *Esto no se parece a un laboratorio moderno, pero ahí, en la Universidad de Cambridge, y en otros laboratorios, Rutherford y sus colegas desarrollaron la nueva ciencia de la física nuclear.*

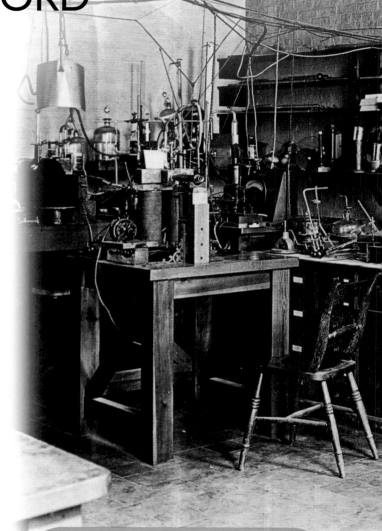

MIRA DE CERCA

Rutherford logró lo que los alquimistas no pudieron: convirtió un elemento en otro. Bombardeando nitrógeno con partículas microscópicas "alfa" lo transformó en oxígeno.

Rutherford sugirió que podría usarse radioactividad para datar muestras de rocas.

Hoy, éste es el método principal para conocer la edad de objetos antiguos.

El método de Rutherford demostró que la Tierra tiene 4540 millones de años.

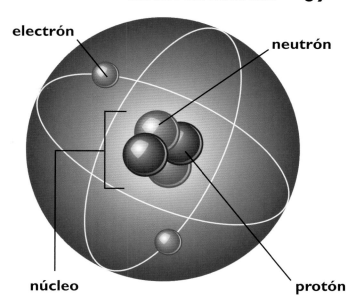

- electrón
- neutrón
- núcleo
- protón

▲ *Rutherford demostró que los átomos son espacio vacío en gran parte, con un diminuto y denso núcleo al centro. En este diagrama de un átomo de helio, el núcleo está aumentado. En realidad, ocupa 0.001% del ancho de todo el átomo.*

1871 Nace en Spring Grove, Nueva Zelanda; es hermano de otros 11 niños.

1895 Viaja a Inglaterra para trabajar en la Universidad de Cambridge.

1898 Descubre las partículas alfa y beta, que forman parte de la radiación nuclear.

1910 Descubre el núcleo atómico.

1919 Provoca la primera reacción nuclear, en la que un elemento se transforma en otro.

1931 Se le nombra Barón.

1937 Muere en Cambridge, Inglaterra.

RUTHERFORD Y GEIGER

Rutherford ayudó a sus estudiantes a convertirse en grandes científicos. A la izquierda está Hans Geiger, quien diseñó el contador Geiger, que sirve para detectar radioactividad. Estudiaron juntos la estructura de los átomos, disparando pequeñas partículas contra átomos de oro.

En una cabina especial donde el entorno se intensifica con rayos láser y efectos especiales, un niño está absorto con un juego de computadora.

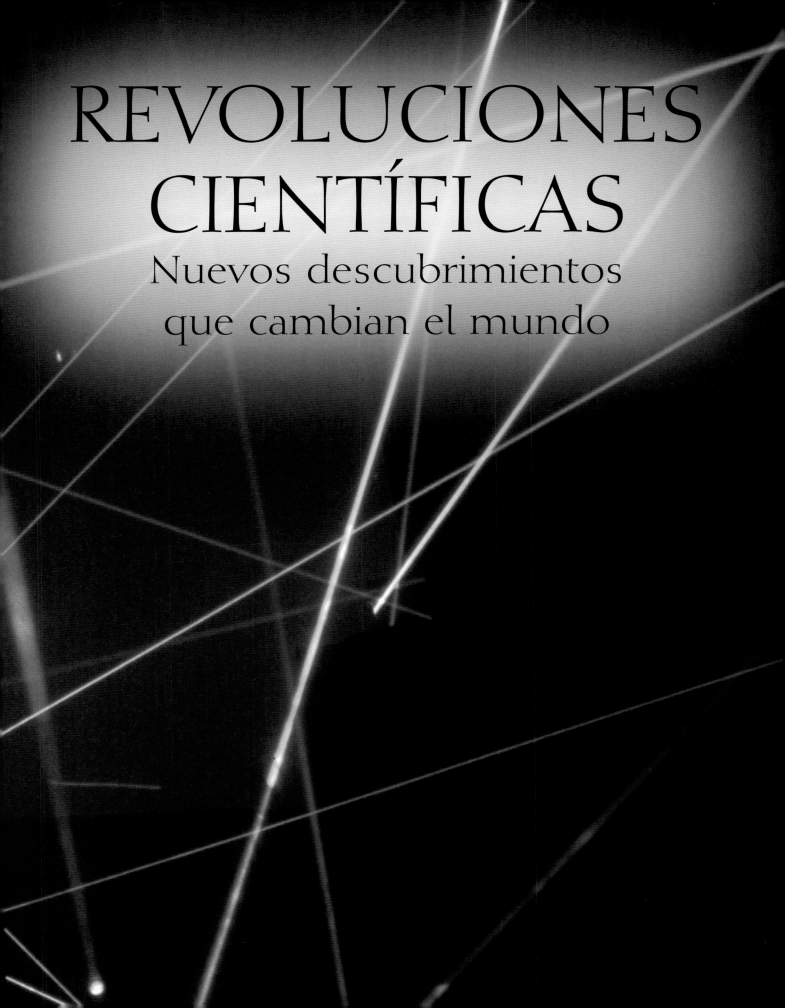

REVOLUCIONES CIENTÍFICAS
Nuevos descubrimientos que cambian el mundo

NUEVOS

DESCUBRIMIENTOS

TRANSFORMARON LA

CIENCIA A PRINCIPIOS

DEL SIGLO XX.

NUNCA ANTES SE

FORMARON

TANTOS

CIENTÍFICOS

Y LA CIENCIA EMPEZÓ

A INFLUIR MÁS

EN LA SOCIEDAD.

¡REVELACIONES!

A PRINCIPIOS DEL SIGLO XX HUBO UNA REVOLUCIÓN EN LA CIENCIA: LOS DESCUBRIMIENTOS SOBRE LOS OBJETOS MÁS GRANDES Y MÁS PEQUEÑOS DEL UNIVERSO MOSTRARON QUE ÉSTOS OBEDECEN A LEYES CIENTÍFICAS DISTINTAS A LAS QUE CONTROLAN COSAS MÁS FAMILIARES.

Los científicos descubrieron que el Universo se expande y que el espacio y el tiempo pueden comportarse extraña e inesperadamente. Varias áreas de la ciencia sufrieron cambios importantes. La medicina fue una de ellas: nuevos tratamientos y medidas preventivas salvaron miles de vidas.

La tecnología también avanzó rápidamente: se inventaron los primeros aeroplanos, comenzó la producción masiva de autos y hubo las primeras transmisiones de radio.

▲ *Como los viajes y las comunicaciones se facilitaron, los científicos se reunieron en congresos. En éste, organizado en Bruselas en 1911, estuvieron Rutherford, Curie, Einstein y otros científicos de la época.*

▲ La comprensión de Einstein del espacio y el tiempo ha abierto la posibilidad de que un día usemos la "curvatura warp", tan popular en la ciencia ficción, para viajar a las estrellas.

MIRA DE CERCA

En 1901 se entregaron en Suecia los primeros Premios Nobel a quienes hicieron las mayores contribuciones a la física, la química, la medicina, la literatura y la paz.

FÍSICA NUCLEAR

Uno de los mayores avances del siglo XX fue la física nuclear. Al inicio del siglo, algunos científicos ni siquiera sabían de la existencia de los átomos. Para cuando el mundo llegaba al final de la centuria, otros científicos habían descubierto su estructura. Es más: utilizando la física nuclear habían aprendido a liberar y controlar las inmensas energías contenidas en los átomos.

La Primera Guerra Mundial provocó la muerte de muchos jóvenes científicos.

Sin embargo, la guerra también impulsó el desarrollo acelerado de tecnología.

ALBERT EINSTEIN

EL UNIVERSO PARECE UN LUGAR COMPLICADO, PERO ALBERT EINSTEIN, UNO DE LOS MÁS GRANDES CIENTÍFICOS, CREÍA QUE EL SECRETO ESTABA EN ALGO SIMPLE, AUNQUE OCULTO.

Einstein pasó su vida buscando esa sencillez, y mostró que la masa, la energía, el espacio, el tiempo, la gravedad y el movimiento son sólo maneras distintas de ver las mismas cosas. Hoy, los científicos siguen buscando una simple "Teoría de Todo".

Las teorías de Einstein son matemáticas, pero para él, la matemática era la culminación del proceso. Sus descubrimientos comenzaban en su vívida imaginación.

MIRA DE CERCA

Cuando le mostraron un enorme telescopio a la esposa de Einstein y le dijeron que servía para encontrar la forma del Universo, contestó: "Mi esposo hace lo mismo con un sobre viejo".

▼ *Einstein hizo muchos descubrimientos en 1905, mientras trabajaba como empleado en la Oficina de Patentes suiza, en Berna.*

1879 Nace en Ulm, Alemania.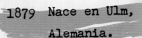

1901 Trabaja en la Oficina de Patentes suiza.

1905 Publica su *Teoría especial de la relatividad*, sobre los efectos del movimiento en el tiempo y el espacio.

1916 Publica su *Teoría general de la relatividad*, sobre la naturaleza de la gravedad.

1917 Publica un modelo matemático del Universo.

1921 Gana el Premio Nobel de Física.

1933 Se muda a EUA.

1955 Muere en Princeton, EUA.

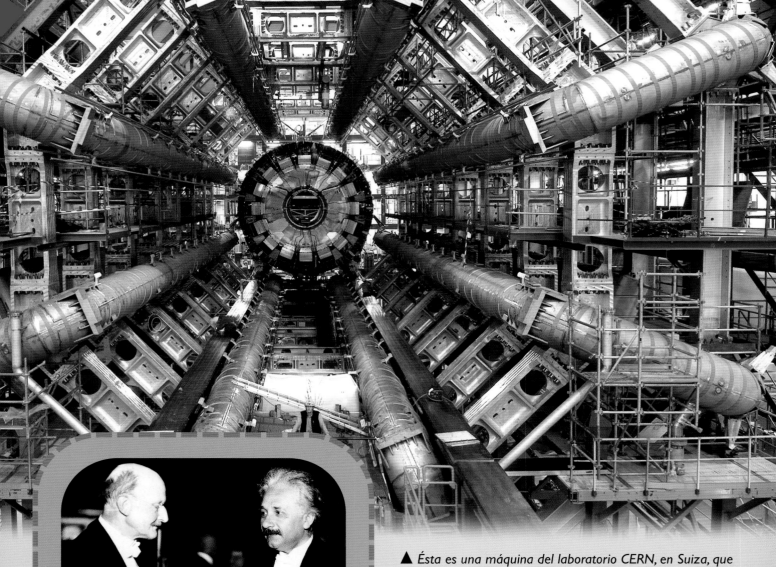

▲ *Ésta es una máquina del laboratorio CERN, en Suiza, que acelera partículas a una velocidad enorme. Tal como predijo Einstein, las partículas pesan más conforme se aceleran.*

EINSTEIN Y PLANCK

Max Planck (izquierda) publicó los primeros artículos de Einstein. Se hicieron colegas que colaborarían por muchos años. Planck descubrió que los objetos calientes almacenan energía en pequeños paquetes. Con base en esto, Einstein propuso que la luz está hecha de esos paquetes (hoy llamados fotones), que unas veces se comportan como partículas y otras como ondas.

Los descubrimientos de Einstein indicaban que era posible fabricar armas atómicas.

En 1939, Einstein le escribió al presidente de EUA, Franklin Roosevelt, para comunicárselo.

Poco después, EUA comenzó a construir una bomba atómica ¡sin decirle a Einstein!

Einstein solía preguntarse cosas como: ¿cómo sería montar sobre un rayo de luz?, o ¿qué se sentirá caer desde lo alto de una casa y por qué? Las respuestas a menudo resultaban muy raras. Einstein se dio cuenta de que la masa es un tipo de energía; demostró que la luz es una extraña mezcla entre partículas y ondas; descubrió qué es realmente la gravedad; explicó cómo cambiar el flujo del tiempo, e incluso ¡probó por qué el cielo es azul!

A Einstein también le apasionaba la política, y pasó años promoviendo la cooperación pacífica entre países, así como advirtiendo sobre los peligros de las armas atómicas. Su labor política no cambió el mundo, pero la científica sí lo hizo.

MIRA DE CERCA

En 1952 se le propuso a Einstein ser presidente de Israel, lo cual le causó gran sorpresa. Pensó que lo mejor sería seguir con la ciencia y rechazó la oferta.

◄ *En 1933, Einstein y su esposa se mudaron a Estados Unidos huyendo de la persecusión de los nazis, quienes tomaron su dinero y quemaron sus publicaciones. Aquí, lo vemos dando clase en el observatorio de Mount Wilson, California.*

▼ La famosa ecuación de Einstein, $E = mc^2$, es una manera matemática de decir que la masa es una forma de energía. En la ecuación, E es energía, m es masa, y c es la velocidad de la luz (299 792 458 m/s). Una diminuta cantidad de masa es en realidad una enorme cantidad de energía.

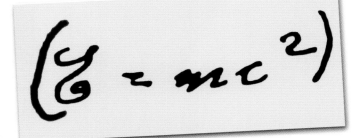

▼ Einstein mostró cómo funciona la gravedad. Los objetos grandes "curvan" el espacio y el tiempo, como cuando algo pesado marca una superficie de goma. Esta imagen muestra la Tierra curvando el área que la rodea. Al orbitar la Tierra, los objetos siguen las curvas del espacio y el tiempo.

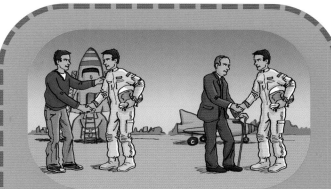

LA PARADOJA DE LOS GEMELOS

Einstein propuso que el tiempo corre más lento a velocidades muy altas. Si un astronauta hiciera un largo viaje en una nave espacial a miles de kilómetros por segundo, podría regresar a la Tierra y descubrir que es mucho más joven que su hermano gemelo. Este efecto puede verse cuando relojes muy precisos vuelan en aviones muy veloces. Un reloj en un avión se desfasa ligeramente respecto de los relojes en tierra firme. Einstein descubrió que tanto el movimiento a gran velocidad como la gravedad intensa retardan el tiempo.

ALEXANDER FLEMING

ALEXANDER FLEMING TENÍA UNA VISTA MUY AGUDA. EN 1928, AL REGRESAR A SU TRABAJO COMO INVESTIGADOR MÉDICO DESPUÉS DE VACACIONES, NOTÓ ALGO EXTRAÑO EN SU LABORATORIO.

Fleming había cultivado gérmenes en platos de cultivo, y uno de los platos estaba mohoso. Esto no era raro, pero lo que notó Fleming sí que lo era. Los cultivos más cercanos al moho eran más pequeños que el resto. De algún modo, el moho los estaba matando. Años después, este descubrimiento, que permitió aislar el antibiótico llamado penicilina, salvaría millones de vidas.

1881 Nace en Lochfield, Escocia.

1906 Se recibe de doctor y trabaja como investigador.

1914- Es capitán del
1918 Destacamento Médico Militar en la Primera Guerra Mundial.

1928 Descubre la penicilina en el moho.

1929 Publica su descubrimiento.

1940 Florey y Chain descubren cómo extraer penicilina pura del moho.

1945 Fleming, Florey y Chain ganan el Premio Nobel de Medicina.

1955 Muere en Londres, Inglaterra.

En 1946, Fleming sugirió que unos gérmenes podían desarrollar defensas contra los antibióticos.

Hoy, supervirus como esos son un gran problema en todo el sistema de salud.

UN MILAGRO MODERNO

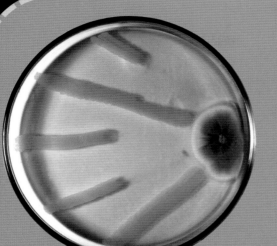

La penicilina es un antibiótico, una sustancia que mata algunos gérmenes (la palabra antibiótico significa "contra la vida"). Durante la Segunda Guerra Mundial (1939-1945) mucha gente pensó que los alemanes invadirían Inglaterra. Se temía que confiscaran las valiosas reservas de extracto de penicilina, así que los investigadores untaron un poco en el forro de sus abrigos para ponerlas a salvo.

◄ *Penicilina cultivada en un laboratorio.*

◄ *Fleming, a quien vemos trabajando en su laboratorio, notó que el moho que había descubierto era inofensivo (algo muy bueno, ya que su asistente había comido un poco). Pero no pudo extraer la sustancia que mataba a los gérmenes, a la que llamó penicilina.*

MIRA DE CERCA

Años después de que Fleming descubriera la penicilina, Howard Florey y Ernst Chain la extrajeron del moho. Descubrieron que podía usarse para curar infecciones mortales.

► *Durante la Segunda Guerra Mundial (1914-1918) murieron más soldados por heridas infectadas (como éstos, en un hospital francés) que en el campo de batalla.*

NIELS BOHR

NIELS BOHR FORMULABA TEORÍAS EXTRAVAGANTES, PERO, COMO MUCHOS CIENTÍFICOS DE SU TIEMPO, SE VIO INTERRUMPIDO POR LA SEGUNDA GUERRA MUNDIAL.

Bohr huyó de Dinamarca hacia Suecia en un barco pesquero, y alcanzó la seguridad de Inglaterra en el compartimiento para bombas de un avión. Dejó atrás su medalla del Premio Nobel, que había disuelto en ácido para que no la robaran. Por supuesto, nadie tocó ese líquido y, después de la guerra, el oro fue extraído y la medalla se forjó de nuevo.

Hacia el final de la guerra, Bohr ayudó a fabricar la bomba atómica en EUA, pero cuando el conflicto terminó trabajó por la paz. Se dedicó a la aplicación pacífica de la energía atómica, tratando de convencer al mundo de que las armas nucleares debían estar bajo control internacional.

1885	Nace en Copenhague, Dinamarca.
1903	Asiste a la Universidad de Copenhague.
1912	Trabaja con Rutherford.
1913	Publica su teoría de la estructura atómica.
1921	Funda el Instituto de Física Teórica en Dinamarca.
1922	Recibe el Premio Nobel de Física.
1943	Escapa de Dinamarca y se une al proyecto de la bomba atómica en EUA.
1955	Organiza la conferencia "Átomos por la paz" en Génova.
1962	Muere en Copenhague, Dinamarca.

▲ *Bohr creía que, en el mundo atómico, las cosas no son reales de la misma manera que en los objetos cotidianos. Einstein (izq.) no estaba de acuerdo. Hoy se cree que Bohr tenía la razón.*

Al calentarse, un elemento produce luz con un espectro único de colores.

Dicho espectro muestra que el elemento genera partículas de luz con energías particulares.

La teoría de Bohr predijo las energías y los colores producidos por el hidrógeno.

◄ *Bohr se unió al Proyecto Manhattan —un proyecto secreto de EUA que fabricó la primera bomba atómica— aunque afirmaba que los descubrimientos no debían ser secretos.*

MIRA DE CERCA

Bohr era un excelente futbolista, y habría sido aún mejor de no haber sido científico. ¡Una vez le anotaron gol por estar escribiendo cálculos en la portería!

LOS SECRETOS DEL ÁTOMO

Ernest Rutherford (págs. 88-89) demostró que los átomos tienen núcleos densos y diminutos rodeados de veloces electrones. Pero aún quedaba un misterio por resolver. En teoría, los electrones debían precipitarse contra el núcleo, perdiendo toda su energía en el camino, y los átomos debían simplemente deshacerse. Para explicar por qué no ocurre esto, Bohr propuso que los electrones sólo pueden existir a cierta distancia del núcleo y que no pueden perder gradualmente su energía. Si acaso la pierden, debe ser en bloques (hoy llamados quanta).

EDWIN HUBBLE

A EDWIN HUBBLE LE FASCINABAN LAS ESTRELLAS Y LE INTERESABAN AÚN MÁS LAS MANCHAS DE LUZ TURBIA LLAMADAS NEBULOSAS. SUS DESCUBRIMIENTOS DETERMINARON EL LUGAR DE LA TIERRA EN EL UNIVERSO.

Hubble se dio cuenta de que la inmensa galaxia de la que el Sol forma parte y que contiene billones de estrellas es sólo una de las muchas esparcidas por el Universo. Más tarde, Hubble y sus colegas demostraron que el vasto Universo está en expansión. Él y Milton Humason formularon la Ley de la Distancia por Corrimiento al Rojo de las Galaxias, o Ley de Hubble. Este último logró calcular qué tan rápido se están separando las galaxias que componen el Universo. Con base en esto, otros científicos dedujeron que el Universo es increíblemente viejo, miles de veces más que la raza humana.

▼ *Ésta es la nebulosa Andrómeda. Hubble demostró que es una galaxia distinta a la Vía Láctea.*

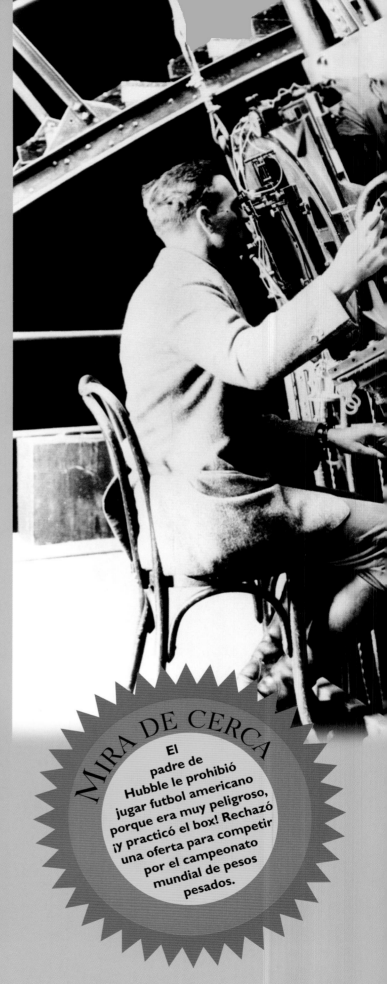

MIRA DE CERCA

El padre de Hubble le prohibió jugar futbol americano porque era muy peligroso, ¡y practicó el box! Rechazó una oferta para competir por el campeonato mundial de pesos pesados.

ESTRELLAS CEFEIDAS VARIABLES

Encontrar la distancia a una estrella no es fácil, a menos que sea una cefeida variable. Éstas tienen periodos de luz tenue (arriba a la derecha) seguidos de periodos de luz brillante (abajo a la derecha). Estos periodos son regulares, así que los científicos pueden averiguar qué tan lejos está una determinada cefeida. Hubble encontró estrellas cefeidas en Andrómeda y las utilizó para saber qué tan lejos está dicha galaxia. Su respuesta fue sorprendente: ¡10 trillones de kilómetros! Hoy sabemos que está aún más lejos.

Grande, fría y oscura.

Pequeña, caliente y brillante.

◀ *Una excelente coordinación entre manos y ojos ayudó a Hubble en su entrenamiento militar de tiro y al usar sus telescopios.*

Hubble fue **voluntario** en la Primera Guerra Mundial y probó armas en la Segunda.

Sin embargo, se opuso a las armas nucleares e hizo una fuerte campaña en su contra.

1889 Nace en Marshfield, EUA.

1910 Se gradúa en ciencia por la Universidad de Chicago.

1919 Se une al observatorio de Mount Wilson, que tiene el telescopio más grande del mundo.

1923 Demuestra que la Vía Láctea no es la única galaxia.

1925 Propone una clasificación de galaxias.

1929 Formula la Ley de Hubble, que prueba que el Universo se expande.

1953 Muere en San Marino, EUA.

EL BIG BANG

La ley de Hubble ayudó a establecer que el Universo comenzó hace unos 13.7 miles de millones de años, en un acontecimiento llamado Big Bang, y que se ha expandido desde entonces. Los científicos todavía pueden medir el brillo de la radiación del Big Bang, aunque ya se ha enfriado a una temperatura de −270 °C. Los astrónomos creen que a la larga el Universo será oscuro, frío e inerte y que se seguirá expandiendo para siempre.

WERNER HEISENBERG

HEISENBERG ERA PROFESOR DE FÍSICA EN LA UNIVERSIDAD DE LEIPZIG CUANDO ESTALLÓ LA SEGUNDA GUERRA MUNDIAL. AYUDÓ A INVESTIGAR SOBRE LA BOMBA ATÓMICA, PERO QUIZÁ TAMBIÉN FRENÓ EL PROYECTO. NO OBSTANTE, LA INVESTIGACIÓN LE VALIÓ SU ARRESTO EN 1945 Y SU RETENCIÓN EN INGLATERRA.

Los descubrimientos de Heisenberg abrieron las puertas a un nuevo y extraño mundo. En la física que él contribuyó a desarrollar pasan cosas raras. Su Principio de Incertidumbre afirma que es imposible saber la ubicación exacta de una partícula y la velocidad a la que se mueve. Esto quiere decir que es imposible describir con exactitud lo que ocurre en el mundo. Cuando Heisenberg dijo que nuestra capacidad de conocer tiene un límite, asestó un golpe al corazón de la física, que siempre había supuesto que algún día todo sería descubierto.

MIRA DE CERCA

En 1937, cuando Adolf Hitler gobernaba Alemania, la prensa acusó a Heisenberg de traición. Lo amenazaron con encarcelarlo y fue investigado por la SS.

◄ *Heisenberg aparece con sus colegas ganadores del Premio Nobel, Enrico Fermi (izquierda) y Wolfgang Pauli (derecha). Junto con otros científicos, desarrollaron la física y la energía nucleares.*

◄ *Los superconductores son materiales que no ofrecen resistencia a la electricidad. Heisenberg ayudó a explicar cómo funcionan. Si un imán se acerca a un superconductor, provoca una corriente eléctrica. Dicha corriente crea un campo magnético que repele al imán y lo hace flotar. Aquí, un imán flota sobre una cerámica superconductora enfriada con nitrógeno.*

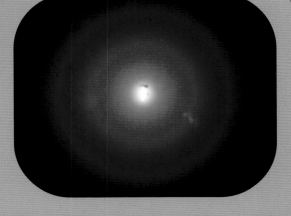

PEQUEÑOS PATRONES DE ONDAS

Cuando se descubrieron los electrones, se pensó que sólo eran partículas diminutas. Pero los científicos vieron que producían patrones (arriba) como si fueran ondas. Heisenberg se dio cuenta de que los electrones y otras cosas minúsculas son tan diferentes a los objetos cotidianos que en realidad nadie puede imaginarlos. Sin embargo, utilizó las matemáticas para describirlos con exactitud. Su obra nos enseña cómo funciona el mundo en un nivel submicroscópico.

1901	Nace en Würzburg, Alemania.
1925	Publica su versión de la mecánica cuántica.
1927	Formula el Principio de Incertidumbre.
1932	Recibe el Premio Nobel de Física por su desarrollo de la mecánica cuántica.
1939	Es uno de los científicos que investigan la fisión nuclear.
1945	Es arrestado por tropas de EUA y retenido en Inglaterra.
1946	Lo nombran director del Instituto Max Planck en Alemania.
1976	Muere en Munich.

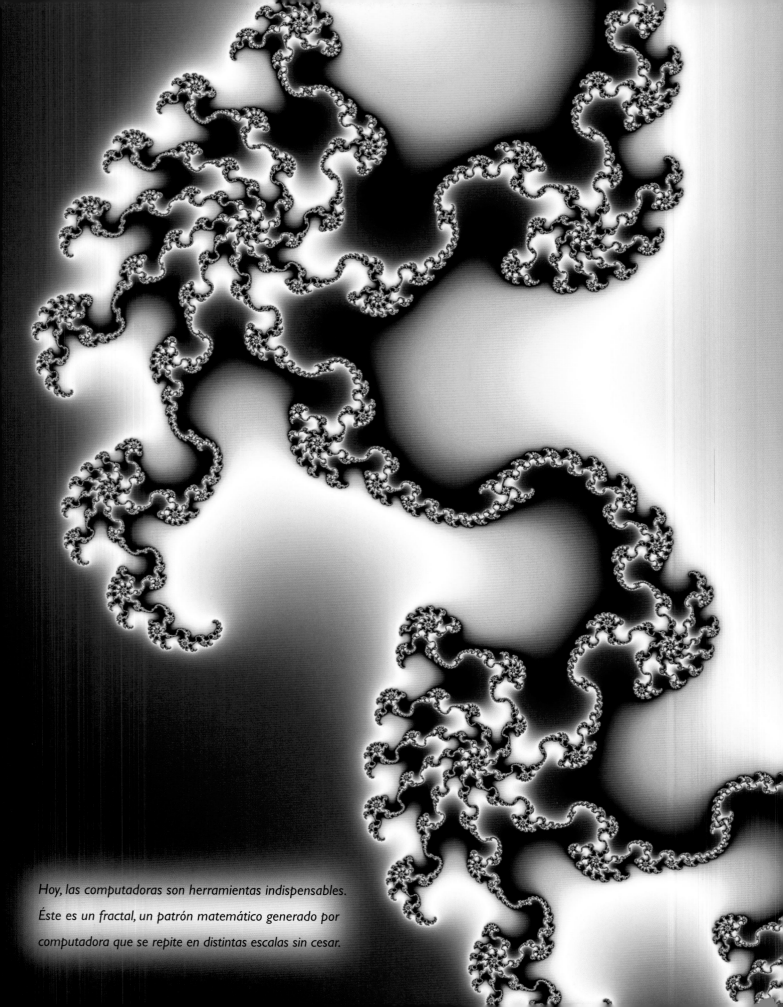

Hoy, las computadoras son herramientas indispensables.
Éste es un fractal, un patrón matemático generado por
computadora que se repite en distintas escalas sin cesar.

UN NUEVO MUNDO

La ciencia actual

A finales del siglo xx, los científicos comenzaron a descubrir que el Universo es más raro de lo que nadie hubiera imaginado siglos atrás.

NUESTRO MUNDO CIENTÍFICO

A LO LARGO DE LAS ÚLTIMAS DÉCADAS, LA CIENCIA SE HA VUELTO CADA VEZ MÁS IMPORTANTE PARA NOSOTROS. EN REALIDAD, CASI TODOS DEPENDEMOS DE LOS AVANCES CIENTÍFICOS PARA EL BUEN DESEMPEÑO DE NUESTRA VIDA DIARIA.

Los científicos han revelado secretos de la vida, descubierto cómo fabricar materiales con las propiedades que queramos y aprendido cómo viajar al espacio. Los descubrimientos han hecho más cómoda nuestra vida, aunque tienen peligros y pueden llevar a la creación de armas. Es natural que algunos teman o desconfíen de la ciencia. Pero sin ella ni científicos aún viviríamos en cuevas.

▲ *Tras miles de años de ver los objetos del espacio exterior sólo a través de telescopios, ahora hay gente que viaja al espacio y robots que pueden llegar a planetas distantes y enviarnos información.*

Aunque hoy hay más científicos que nunca, cada vez menos son famosos de forma individual. Esto se debe a que ahora los descubrimientos se hacen en equipo.

▲ *A principios del siglo XX, Vilhelm Bjerknes desarrolló una teoría matemática para predecir el clima. Su teoría no pudo utilizarse para el pronóstico del tiempo sino hasta la construcción de computadoras avanzadas a fines del siglo XX.*

TELETRANSPORTACIÓN

Trabajando sobre las teorías de Einstein, Bohr y Heisenberg, los científicos de hoy descubrieron que el Universo está "enredado". Es decir, que cada parte está conectada de forma misteriosa con todas las demás. La tecnología basada en esta idea ha permitido a los científicos trasladar las propiedades de un átomo a otro, lo cual facilitará la construcción de supercomputadoras. Con el tiempo, esto podría permitir que la gente se "teletransporte", es decir, que desaparezca de un lugar y aparezca en otro.

Hoy hay más de 6.5 miles de millones de personas en el mundo, y la cifra sigue en aumento.

Sin métodos agrícolas científicos, la Tierra no podría alimentar a tanta gente.

LINUS PAULING

LINUS PAULING EN VERDAD DEJÓ HUELLA. ES LA ÚNICA PERSONA QUE HA RECIBIDO DOS PREMIOS NOBEL INDIVIDUALES: EL DE QUÍMICA Y EL DE LA PAZ.

Cuando era estudiante, Pauling pagó la universidad en Estados Unidos impartiendo los cursos que había estudiado un año antes. Dio clases e investigó durante 70 años, desarrollando numerosas teorías. En 1954 recibió el Nobel de Química por su trabajo con técnicas especiales de rayos X para averiguar más sobre las estructuras químicas y la forma en que se enlazan. También investigó la estructura de las proteínas, revelando que la anemia de células falciformes

se debe a un defecto genético. En 1962 ganó el Nobel de la Paz por sus años de campaña contra la guerra nuclear y "contra cualquier guerra como medio para solucionar conflictos internacionales".

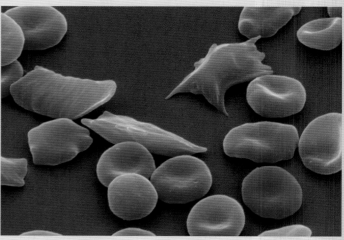

▲ *Pauling estudió la anemia falciforme examinando células sanguíneas en forma de hoz afectadas por la enfermedad.*

◄ *Pauling no siempre acertó en sus cálculos. Éste es un modelo de su triple hélice de ADN, una propuesta incorrecta hecha en 1952.*

PAULING DE NIÑO

A *Pauling le gustaba tanto leer que su padre incluso escribió una carta a un periódico local solicitando recomendaciones de libros para su hijo. Lloyd Jeffress, amigo de Linus, tenía un pequeño laboratorio químico en su cuarto y sus experimentos inspiraron a Pauling. Cuando entró al bachillerato, Linus continuó con sus experimentos tomando equipo prestado donde fuera que lo encontrara. Sin embargo, no se graduó por haber faltado a algunas clases. Finalmente, la escuela le entregó su diploma 45 años después, ¡tras haber ganado dos Premios Nobel!*

A menudo, Pauling era criticado por los grandes saltos intuitivos en muchas de sus teorías.

Era un profesor fascinante que solía divagar sobre temas completamente desvinculados.

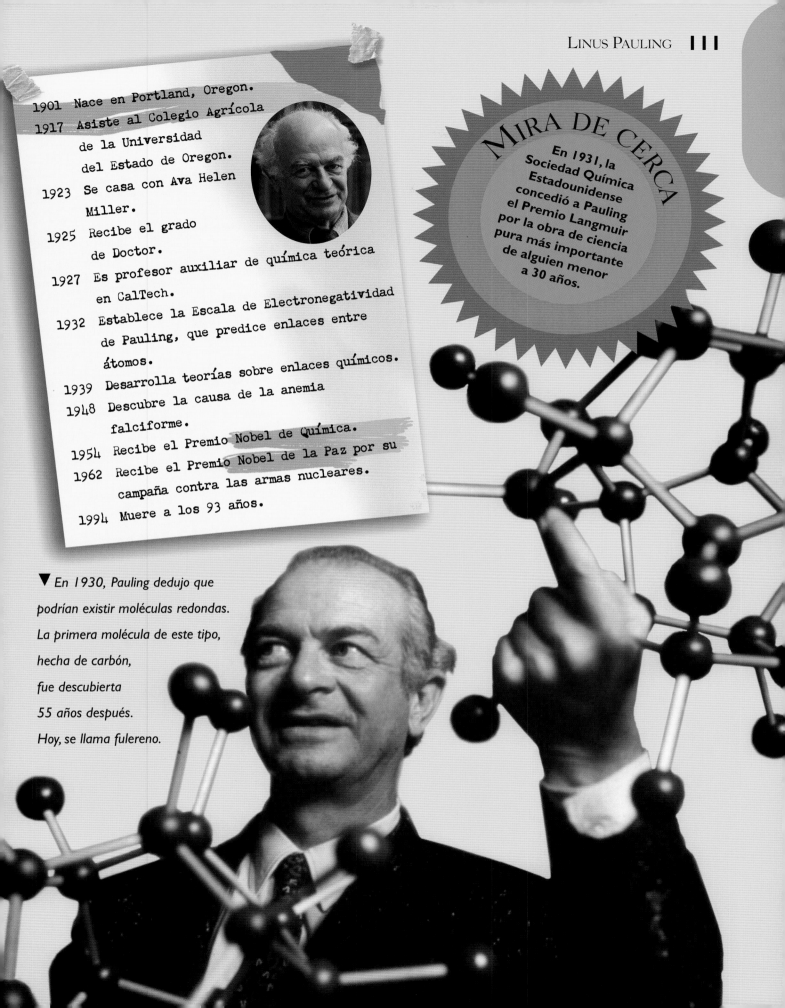

1901 Nace en Portland, Oregon.

1917 Asiste al Colegio Agrícola de la Universidad del Estado de Oregon.

1923 Se casa con Ava Helen Miller.

1925 Recibe el grado de Doctor.

1927 Es profesor auxiliar de química teórica en CalTech.

1932 Establece la Escala de Electronegatividad de Pauling, que predice enlaces entre átomos.

1939 Desarrolla teorías sobre enlaces químicos.

1948 Descubre la causa de la anemia falciforme.

1954 Recibe el Premio Nobel de Química.

1962 Recibe el Premio Nobel de la Paz por su campaña contra las armas nucleares.

1994 Muere a los 93 años.

MIRA DE CERCA

En 1931, la Sociedad Química Estadounidense concedió a Pauling el Premio Langmuir por la obra de ciencia pura más importante de alguien menor a 30 años.

▼ En 1930, Pauling dedujo que podrían existir moléculas redondas. La primera molécula de este tipo, hecha de carbón, fue descubierta 55 años después. Hoy, se llama fulereno.

BARBARA MCCLINTOCK

L A MADRE DE BARBARA MCCLINTOCK CREÍA QUE EL INTERÉS DE SU HIJA POR LA CIENCIA NO ERA UN "COMPORTAMIENTO FEMENINO ADECUADO". ¡Y ÉSTE SERÍA SÓLO EL PRINCIPIO DE SUS PROBLEMAS! PESE A SU ÉXITO CIENTÍFICO EN LA UNIVERSIDAD DE CORNELL, LA ÚNICA MATERIA QUE PODÍA IMPARTIR AHÍ POR SER MUJER ERA ECONOMÍA DOMÉSTICA.

McClintock fue a la Universidad de Missouri, pero también la dejó cuando supo que tampoco ahí la dejarían ser profesora.

La lucha por su reconocimiento científico se debió en parte a que trabajaba en un área muy nueva. Le interesaban los genes, y su principal descubrimiento fueron los "genes saltarines", que pueden moverse de un lugar a otro, transformando aquellos con los que entran en contacto. Más tarde se le concedió el Premio Nobel cuando se descubrió que tenía razón.

1902	Nace en Hartford, EUA.
1919	Estudia botánica en la Universidad de Cornell.
1931	Publica su primer mapa genético del maíz.
1944	Se convierte en la tercera mujer miembro de la Academia Nacional de las Ciencias de EUA.
1940s	Descubre los genes saltarines.
1960s	Su obra adquiere fama.
1971	Gana la Medalla Nacional de Ciencias de EUA.
1983	Gana el Premio Nobel de Medicina.
1992	Muere en Huntington, EUA.

MIRA DE CERCA

McClintock usó genes saltarines para controlar la apariencia de seres vivos. Hoy, los científicos los controlan tan bien que pueden producir criaturas que nos parecerían extraterrestres.

▲ Un mutante es una criatura con genes alterados. Esto la distingue de los demás de su especie. Algunas langostas tienen genes mutantes que las hacen azules.

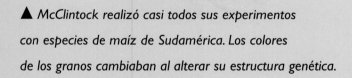

▲ *McClintock realizó casi todos sus experimentos con especies de maíz de Sudamérica. Los colores de los granos cambiaban al alterar su estructura genética.*

Los genes saltarines pueden producir nuevas criaturas mutantes.

A veces los mutantes se adaptan mejor y pueden sobrevivir más que otras criaturas.

Los mutantes reemplazan a los demás. Esto forma parte del proceso evolutivo.

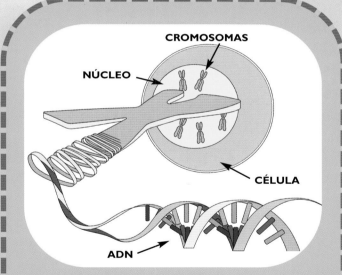

GENES Y CROMOSOMAS

Cada uno de nosotros está formado por billones de células. La mayoría de éstas tiene un área central: núcleo. Éste contiene cromosomas, que a su vez contienen genes. Cada cromosoma está formado por una molécula llamada ADN (ver página 116).

JONAS SALK

EN UNA ÉPOCA EN QUE MUCHA GENTE, JOVEN Y VIEJA, MORÍA O QUEDABA LISIADA POR LA POLIO, UN DOCTOR ESTADOUNIDENSE LLAMADO JONAS SALK FABRICÓ UNA VACUNA SALVADORA.

En 1947, Jonas era jefe del Laboratorio de Investigación de Virus en la Universidad de Pittsburgh. Estaba trabajando en una vacuna contra la influenza, pero al mismo tiempo comenzó a combatir la polio. Sabía que el virus de la polio ataca el sistema nervioso y puede paralizar los músculos respiratorios. Encontró la forma de desencadenar una respuesta inmune, permitiendo a los pacientes combatir el virus. En 1954 se iniciaron pruebas en dos millones de niños de entre 6 y 9 años conocidos como los Pioneros de la Polio.

MIRA DE CERCA

Salk pudo haber ganado mucho dinero patentando su vacuna. Sin embargo, creía que ésta era pública, pues se habían donado millones de dólares para su investigación.

▼ Algunas víctimas de la polio, como esta niña y este adulto, debían usar una máquina llamada "pulmón de hierro" para respirar.

1914	Nace en Nueva York, EUA.
1938	Comienza a trabajar en una vacuna contra la influenza.
1939	Se gradúa en la Escuela de Medicina de la Universidad de Nueva York.
1942	Trabaja como médico en la Escuela de Medicina Monte Sinaí, en Nueva York.
1947	Va a la Universidad de Pittsburgh a dirigir el Laboratorio de Investigación de Virus.
1950s	Diseña y prueba la vacuna contra la polio.
1955	Comienza el programa de vacunación.
1965	Funda el Instituto Salk de Estudios Biológicos, en La Jolla, California.
1995	Muere a los 80 años.

En 1952, en el peor momento de la epidemia de polio en EUA, había 57628 enfermos.

En los dos años siguientes al lanzamiento de la vacuna, el número de casos cayó entre 85 y 90%.

▲ El virus de la polio sobrevive largos periodos fuera del cuerpo humano. Esto significa que puede transmitirse de persona a persona, o por medio del agua y la comida.

LA VACUNACIÓN

En 1955, Salk comenzó el programa de vacunación contra la polio en escuelas primarias de Pittsburgh. Cada niño entre 6 y 9 años fue vacunado. Aquí, Salk y una enfermera aplican la vacuna a uno de los Pioneros de la Polio, una niña de la Escuela Sunnyside.

WATSON, CRICK Y FRANKLIN

JUNTOS, EL CIENTÍFICO ESTADOUNIDENSE JAMES WATSON (1928-) Y LOS BRITÁNICOS FRANCIS CRICK (1916-2004) Y ROSALIND FRANKLIN (1920-1958) REVELARON LOS SECRETOS DE LAS MOLÉCULAS DE LA VIDA. SIN EMBARGO, FRANKLIN NUNCA TRABAJÓ EL ADN JUNTO A CRICK Y WATSON.

Franklin diseñó un instrumento especial para el estudio de la estructura del ADN, la molécula que controla a todo ser vivo en el planeta. Cuando Watson y Crick oyeron hablar de su trabajo, lo usaron para completar su modelo de ADN. El trabajo y la información recabada por Franklin sin duda influyeron en sus hallazgos, pero ella nunca trabajó directamente con ellos. La estructura del ADN que propusieron ambos científicos era correcta y ha sido uno de los avances científicos más importantes.

En 1962, Watson, Crick y Maurice Wilkins compartieron un Premio Nobel por su descubrimiento.

Wilkins había trabajado en la estructura del ADN al mismo tiempo que Franklin.

El premio sólo se otorga a científicos **vivos**, y Franklin había fallecido en 1958.

▲ *El ADN (ácido desoxirribonucleico) es una enorme molécula que contiene millones de átomos unidos en un complicado patrón reiterativo. Desentrañar esta estructura fue un logro enorme.*

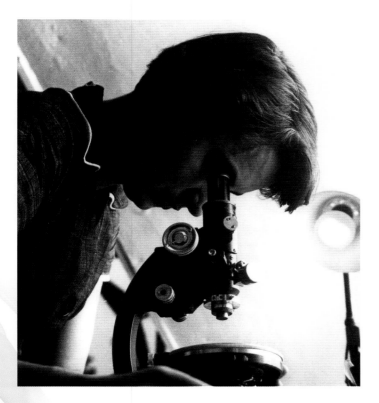

▲ *Después de trabajar sobre el ADN, Franklin estudió el virus mosaico del tabaco, que unas veces se comporta como cristal y otras como ser vivo.*

EL GENOMA HUMANO

L**as moléculas de ADN se juntan para formar cromosomas. Los humanos tenemos 23 de ellos, cada uno con trillones de átomos. Casi 40 años después de desentrañar la estructura del ADN, un inmenso proyecto mundial llamado "Genoma humano" inició la tarea de trazar un mapa detallado de los cromosomas humanos. James Watson fue el primer director del proyecto.**

MIRA DE CERCA

Cuando las plantas y los animales se reproducen, se unen partes de las moléculas de ADN de la madre y del padre. Esto produce moléculas mixtas de ADN en los hijos.

► *Watson y Crick posan con su modelo del ADN. Junto con Maurice Wilkins, compitieron contra Linus Pauling (ver página 110) por ser los primeros en descubrir esta estructura.*

STEPHEN HAWKING

STEPHEN HAWKING ES UN RECONOCIDO EXPERTO EN AGUJEROS NEGROS Y HA DESARROLLADO NUEVAS TEORÍAS SOBRE EL TEMA. TAMBIÉN HA CONTRIBUIDO EN EL DESARROLLO DE TEORÍAS SOBRE LA GRAVEDAD Y SOBRE EL UNIVERSO ENTERO.

A los 21 años le diagnosticaron una enfermedad de las neuronas motoras y le dieron dos años de vida. Desafiando las expectativas, en 2009 cumplió 67 años. La enfermedad lo obliga a usar una silla de ruedas y a hablar con una voz computarizada artificial.

Hawking ha propuesto una nueva forma de comprender el principio y el fin del tiempo como partes del Universo; así como el Polo Sur es parte, pero también final de la Tierra.

1942 Nace en Oxford, Inglaterra.

1963 Le diagnostican una enfermedad de las neuronas motoras.

1970 Predice la existencia de la Radiación Hawking.

1974 Es elegido miembro de la Real Sociedad en Gran Bretaña.

1979 Ocupa la Cátedra Lucasiana en la Universidad de Cambridge.

1985 Comienza a depender del habla por computadora.

1988 Publica *Breve historia del tiempo*.

2005 Publica una versión revisada, *Brevísima historia del tiempo*.

◄ *Hawking es Profesor Lucasiano de Matemáticas en la Universidad de Cambridge. Ese puesto ha sido ocupado por sus distinguidos colegas Isaac Newton y Charles Babbage.*

Hawking escribió uno de los libros de ciencia más populares de todos los tiempos.

Se llama *Breve historia del tiempo* y fue un *best-seller* durante 237 semanas.

MIRA DE CERCA

Hawking ha participado en varios programas de televisión: Enano rojo, Viaje a las estrellas: la nueva generación, Los Simpson y Futurama. También apareció en la película Superhéroes.

▲ Vista del Universo, poco después del inicio del tiempo, captada por el telescopio Hubble. Hawking ha desarrollado teorías sobre el tema.

LOS AGUJEROS NEGROS

Los astrónomos pensaban que nada escapaba a un agujero negro (izquierda). Sin embargo, Hawking descubrió que éstos producen lo que hoy llamamos "radiación Hawking". Significa que los agujeros pequeños se calientan gradualmente y con el tiempo desaparecen en una explosión de luz y calor. En cambio, los agujeros grandes se enfrían. Hawking también afirmó que los núcleos de los agujeros negros podrían ser "puentes" a pequeños "universos bebés".

TIM BERNERS-LEE

MILLONES DE PERSONAS USAN VARIAS VECES AL DÍA LA WORLD WIDE WEB (WWW) PARA ENCONTRAR INFORMACIÓN, INVESTIGAR O COMPRAR. SU INVENTOR ES EL CIENTÍFICO INGLÉS TIMOTHY BERNERS-LEE.

Antes de que se inventara la WWW (hoy esta red se llama Internet), las computadoras del mundo se vinculaban de varias formas, pero no existía un modo simple para enviar y recibir información. Berners-Lee estudió diversas maneras para lograrlo, y en 1980 creó ENQUIRE. Ésta era una versión experimental de la WWW que utilizaba un nuevo enfoque para enlazar documentos. En 1989, el CERN, uno de los laboratorios más grandes del mundo, tuvo el mayor número de conexiones de Internet en Europa. Berners-Lee decidió probar ahí su nuevo enfoque. Fue muy exitoso, y el mundo nunca volvió a ser igual.

En 1993, solamente existían 623 sitios *web* en todo el mundo.

Sólo tres años después, el número de sitios *web* se multiplicó hasta 100 000.

Hoy, existen más de 100 millones, y cada día se crean más.

EL INICIO DE INTERNET

Éste es el equipo que usó Berners-Lee para lanzar la World Wide Web. Ahora se preserva en Microcosmos, el museo de ciencia del CERN, en Suiza. Berners-Lee eligió no volverse millonario cuando decidió no patentar la WWW.

◄ *Second Life es un mundo "virtual" en la WWW. La gente que lo usa crea versiones de sí misma en línea llamadas "avatares". Éstos pueden hacer casi todo, desde ir de fiesta hasta volar.*

MIRA DE CERCA

Berners-Lee llamó **ENQUIRE** a su sistema por el libro *Enquire Within Upon Everything* (Investigación acerca de todo) porque la idea central de ambos era incluir todo el conocimiento útil.

▼ *Al principio, poca gente tenía acceso a la WWW. Hoy, empresas y familias la usan todo el tiempo para buscar información, escribir correos, tener videoconferencias o simplemente chatear con los amigos.*

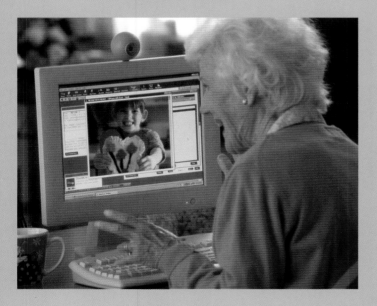

1955 Nace en Londres, Inglaterra.

1980 Crea el sistema ENQUIRE.

1989 Propone la World Wide Web.

1991 Lanza el primer sitio *web*, creado en el CERN de Suiza.

1994 Funda el Consorcio World Wide Web, que ayuda al desarrollo de la WWW, en el Massachusetts Institute of Technology, EUA.

2004 Es el primero en recibir el Premio Millenium de Tecnología de Finlandia.

2009 Es elegido miembro de la Academia Nacional de las Ciencias.

MÁS CIENTÍFICOS

Durante los últimos 2 500 años, innumerables científicos han hecho descubrimientos asombrosos. En este libro solamente hemos podido conocer en detalle a unos cuantos, ya sea por la especial relevancia de su trabajo o por lo interesante de sus vidas. Sin embargo, otros científicos importantes están descritos a continuación.

TALES (c.625-c.550 a.n.e.) fue un filósofo y político griego. Hasta donde sabemos fue el primero en desarrollar una teoría sobre el Universo, que según él estaba hecho de agua. También se dice de Tales que predijo un eclipse solar y que cayó a un pozo por estar viendo las estrellas.

DEMÓCRITO (c.470-c.400 a.n.e.) creía que todo está hecho de átomos. De los muchos libros científicos que escribió sólo quedan fragmentos. Se le conoce como el "filósofo risueño", pues al parecer le divertían las cosas raras que hace la gente.

HIPÓCRATES (c.460-c.370 a.n.e.) fue un médico griego a quien se llegó a conocer como "padre de la medicina". Sus esfuerzos por fundar la medicina en la ciencia, y no en la magia, constituyeron un giro científico importante, aun cuando la mayoría de sus tratamientos eran incorrectos. Hoy, muchos doctores hacen el Juramento Hipocrático y prometen trabajar por el bien de sus pacientes.

EUCLIDES (c.330-c.260 a.n.e.) fue un matemático griego que escribió 13 libros sobre geometría llamados *Los elementos*. Algunos fragmentos todavía se usaban en las escuelas a principios del siglo XX. No se sabe casi nada de su vida, excepto que cuando Tolomeo I de Egipto le preguntó si era realmente necesario leer *Los elementos* para estudiar geometría, Euclides supuestamente dijo: "No hay un camino de reyes hacia el conocimiento".

EMPÉDOCLES (c.270-c.190 a.n.e.) desarrolló la teoría más antigua de los elementos, sin embargo sólo incluía cuatro —tierra, aire, fuego y agua— y ninguno era realmente un elemento. Aunque falsa, algunas versiones de esta teoría sobrevivieron más de 2 000 años. También fue biólogo y creía que los seres vivos evolucionan. Se dice que murió saltando dentro de un volcán para probar que sería llevado al cielo por los dioses.

GALENO (129-199 n.e.) fue el médico griego de cuatro emperadores romanos. Viajó por todo el Imperio romano haciendo investigaciones sobre medicina y biología. Tuvo el ingenio para lograr varios descubrimientos sobre el cuerpo humano, aun cuando la disección estaba prohibida. Muchos de sus tratamientos no eran efectivos, pero los doctores los aceptaron y usaron durante más de 1 500 años.

HIPATIA (c.370-415) de Alejandría fue una erudita griega y una de las primeras mujeres científicas conocidas. Fue matemática y astrónoma, pero no queda ninguno de sus textos. Murió a manos de una turba.

ALHACEN (965-1040) fue experto en física, matemáticas, astronomía y medicina. Nació en Basra (hoy Irak). Sus experimentos con luz mostraron cómo funciona la vista y por qué el cielo es claro después del atardecer. Cerca del año 1015, el Califa Al-Hakim le pidió controlar las aguas del río Nilo. Cuando fracasó, Alhacen fingió demencia para evitar el castigo público.

ANDRÉS VESALIO (1514-1564) fue maestro de anatomía humana. Disecó cuerpos humanos para mostrar su funcionamiento a sus alumnos. Fue médico del rey Carlos I de España, pero sus ideas innovadoras no fueron populares.

ROBERT HOOKE (1635-1703) ayudó a fundar la Real Sociedad en Londres. Organizó experimentos, construyó equipo y discutió con Isaac Newton. Inventó una bomba de aire y versiones mejoradas del telescopio y el microscopio.

ALEXANDER VON HUMBOLDT (1769-1859)

fue un naturalista alemán que combinó la ciencia y los viajes en una expedición científica a Centro y Sudamérica que duró cinco años recorriendo 10 000 km. Humboldt estudió el magnetismo de la Tierra, las corrientes oceánicas y el clima, y creó el sistema cartográfico del clima que usamos hoy. También rompió un récord al escalar el volcán Chimborazo, de 6 876 m de altura, en Ecuador.

KARL FRIEDRICH GAUSS (1777-1855)

fue un matemático muy talentoso. Nació en una familia pobre alemana y cuando apenas tenía tres años ya corregía los errores aritméticos de su padre. El duque de Brunswick oyó hablar de sus habilidades y pagó su educación. Gauss hizo importantes descubrimientos matemáticos desde los 15 años y fue también físico y astrónomo. Pudo rastrear un asteroide (pequeño cuerpo que orbita alrededor del Sol) que había descubierto un año antes, pero que perdió cuando pasaba detrás del Sol.

MAX PLANCK (1858-1947)

fue un físico alemán cuya obra marcó el principio de una nueva física: la teoría cuántica. Planck descubrió que el comportamiento de los objetos luminosos sólo puede explicarse si pensamos que la energía existe en forma de pequeñas unidades, hoy llamadas *quanta*. La "constante de Planck", uno de los números más importantes en la ciencia, muestra cómo la frecuencia de la radiación (que puede ser luz u otras cosas, como ondas de radio o rayos X) se relaciona con la energía de un *quantum* de esa radiación. Pero a Planck le fue muy difícil creer en su propio descubrimiento

y fueron Einstein, Bohr, Heisenberg, Schrödinger y muchos otros quienes construyeron la nueva física que él inició. Aun siendo un férreo opositor de los nazis, Planck se reunió con Adolfo Hitler en 1933 e intentó criticar sus políticas.

ALFRED WEGENER (1880-1930)

fue un geólogo alemán interesado principalmente en la meteorología, la ciencia del clima. Sin embargo, su descubrimiento más importante fue la deriva continental: la idea de que, hace millones de años, todos los continentes estaban unidos en un solo supercontinente, la Pangea. Pocos científicos concordaban con él, pero en la década de 1960 se encontró una explicación y más pruebas. La deriva continental es hoy un hecho aceptado. Sus investigaciones lo llevaron varias veces a Groenlandia y, en una expedición, murió perdido en el hielo.

ERWIN SCHRÖDINGER (1887-1961)

fue un físico austriaco. Desarrolló una ecuación para describir el movimiento de pequeñas partículas. La usó para predecir correctamente los niveles de energía en un átomo de hidrógeno. A Schrödinger le gustaba viajar con botas y mochila. ¡Por esto casi se le niega la entrada a un congreso científico! En 1933 recibió el Premio Nobel de Física.

WOLFGANG PAULI (1900-1958)

descubrió muchas leyes que gobiernan el comportamiento de los electrones, las partículas que ocupan casi todo el espacio del átomo. Este físico austriaco también predijo la existencia de una partícula llamada neutrino. Aunque fue un científico teórico brillante, también fue famoso por el "efecto Pauli": ¡un daño accidental a los aparatos científicos que parecía ocurrir cuando él se acercaba!

ENRICO FERMI (1901-1954)

fue un físico italiano que ayudó a desarrollar teorías sobre el comportamiento de los átomos y las partículas de las que están hechos. Fermi dirigió el proyecto secreto estadounidense Manhattan, en el que se construyó el primer reactor nuclear del mundo en una cancha de squash en Chicago. Llegó a ser conocido como "padre de la bomba atómica".

HIDEKI YUKAWA (1907-1981)

fue un físico japonés que explicó cómo se mantienen unidos los núcleos de los átomos. Yukawa también predijo la existencia de un nuevo tipo de partícula: los piones; y recibió un Premio Nobel cuando éstos fueron descubiertos. Tras la Segunda Guerra Mundial, Yukawa se unió a otros científicos para tratar de librar al mundo de armas nucleares.

SUBRAMANYAN CHANDRASEKHAR (1910-1995)

nació en la India y más tarde se hizo ciudadano estadounidense. Explicó por qué las estrellas masivas se convierten en enanas blancas, estrellas neutrón o agujeros negros cuando se les termina el combustible, y recibió el Premio Nobel. Un telescopio de asteroides y otro de rayos X llevan su nombre.

ALAN TURING (1912-1954)

fue un matemático británico a quien se suele describir como padre de la informática moderna. Imaginó una "Máquina de Turing" que luego ayudó a construir. Fue una de las primeras máquinas electrónicas del mundo. Durante la Segunda Guerra Mundial, usó sus habilidades matemáticas para descifrar códigos secretos alemanes. Fue perseguido por ser homosexual, y se suicidó.

GLOSARIO

■ ADN
Ácido desoxirribonucleico, sustancia química de la que están hechos los cromosomas.

■ AGUJERO NEGRO
Restos de una estrella. Tiene una gravedad tan fuerte que absorbe cualquier objeto cercano. Ni siquiera la luz escapa.

■ ALQUIMIA
Una mezcla de ciencia y magia de la que procede la química.

■ ANATOMÍA
Estudio de la estructura de los seres vivos.

■ ANTIBIÓTICOS
Medicinas que atacan a las bacterias, pequeños seres que causan algunas enfermedades.

■ ASTRONOMÍA
Estudio de las estrellas, planetas y otros objetos del espacio más allá de la Tierra.

■ ÁTOMO
Partícula diminuta de materia. Los átomos forman parte de la estructura de todo sólido, líquido o gas.

■ BIOLOGÍA
Ciencia de los seres vivos.

■ BOTÁNICA
Ciencia de las plantas.

■ CÉLULA
Estructura microscópica y unidad básica de la materia de todos los seres vivos.

■ CLASIFICACIÓN
Organización de los seres vivos en un sistema de categorías según su origen, estructura, etcétera.

■ COMBUSTIÓN
Proceso en que algo se quema.

■ CROMOSOMA
Estructura interna de las células que controla el funcionamiento de los seres vivos.

■ ECLIPSE
El bloqueo de la luz del Sol o la Luna. Un eclipse solar ocurre cuando la Luna pasa entre el Sol y la Tierra. Un eclipse lunar, cuando la Tierra pasa entre el Sol y la Luna.

■ ELECTRÓN
Pequeña partícula con carga eléctrica. Los átomos contienen electrones.

■ ELEMENTO
Sustancia hecha de átomos del mismo tipo. No pueden reducirse a algo más simple.

■ ENERGÍA NUCLEAR
Energía liberada por cambios en el núcleo de los átomos.

■ ESPECIE
Grupo de animales o plantas que se parecen y se pueden reproducir entre sí.

■ ESPECTRO
Patrón de colores en que se divide la luz blanca, por ejemplo con un prisma.

■ ESPECTRO ELECTROMAGNÉTICO
Gama de los distintos tipos de radiación, incluidos rayos gama, rayos X, radiación ultravioleta, microondas y ondas de radio.

■ EVOLUCIÓN
Cambio gradual de animales y plantas a través de generaciones.

■ EXTINCIÓN
Muerte de una especie.

■ FILOSOFÍA
Estudio de las ideas generales (como verdad, belleza o tiempo) por medio de argumentos razonados.

■ FÍSICA
Ciencia de la energía y la materia.

■ GEN
Sección de un cromosoma que controla uno o más rasgos de un ser vivo.

■ GEOLOGÍA
Ciencia de las rocas y otros materiales que conforman la Tierra.

■ GRAVEDAD
Atracción de un objeto sobre otro. En general sólo la notamos cuando uno de los objetos es muy grande.

■ INTERNET
Vasta red que comunica computadoras de todo el mundo.

■ LENTE
Objeto que cambia la forma del rayo de luz que lo atraviesa.

■ MAGNETISMO
Fuerza que atrae algunos objetos o los repele.

■ MATEMÁTICAS
Ciencia de los números, las figuras y las cantidades, así como sus relaciones.

■ MECÁNICA CUÁNTICA
Área de la física que explica cómo se comportan la materia y la energía cuando las distancias, tiempos o cantidades son muy pequeños.

■ MICROSCOPIO
Instrumento que sirve para que un objeto pequeño se vea más grande.

■ MOLÉCULA
Pequeña estructura formada por al menos dos átomos. Las moléculas son la unidad básica de casi toda sustancia.

■ MUTANTE

Ser vivo que se diferencia de otros miembros de su especie por cambios genéticos.

■ NATURALISTA

Alguien que estudia los seres vivos.

■ NÚCLEO

Centro del átomo o estructura que se encuentra en las células y que las controla.

■ ONDA DE LUZ

Patrón variable de campos eléctricos y magnéticos que vemos como luz.

■ PARTÍCULA

Objeto muy pequeño para ser visto. Los átomos son partículas, al igual que los objetos de los que están hechos, como los electrones.

■ PASTEURIZACIÓN

Proceso para matar bacterias mediante calor que hace que alimentos y bebidas sean seguros.

■ PRISMA

Un prisma óptico desvía la luz y puede dividir la luz blanca en su espectro.

■ QUANTUM (PLURAL QUANTA)

Pequeño paquete de energía. Los *quanta* de luz se llaman fotones.

■ QUÍMICA

Ciencia de las sustancias.

■ RADIACIÓN INFRARROJA

Parte del espectro electromagnético. Puede sentirse a veces como calor.

■ RADIOACTIVIDAD

Partículas y rayos peligrosos emitidos por algunas sustancias.

■ RAYOS X

Parte del espectro electromagnético. Los rayos X atraviesan la carne y otros materiales, así que se usan para ver el interior de seres vivos y otros objetos.

■ SITIO *WEB*

Colección de documentos (llamados páginas *web*) que forman parte de la World Wide Web.

■ TECNOLOGÍA

Uso práctico de la ciencia.

■ TELESCOPIO

Instrumento que permite ver objetos distantes más grandes y más luminosos.

■ TERMÓMETRO

Instrumento que mide qué tan caliente o frío está algo.

La buena literatura sobre ciencia suele estar escrita en inglés. Aquí algunas muestras:

PARA LEER MÁS

THE ILLUSTRATED TIMELINE OF SCIENCE

por Sidney Strickland y Eliza Strickland (Sterling Publishing Company Inc., 2007)

THE SCIENCE BOOK

por Peter Tallack (Cassell and Company, 2003)

EYEWITNESS: GREAT SCIENTISTS

por Jacqueline Fortey (Dorling Kindersley, 2007)

DARWIN & OTHER SERIOUSLY SUPER SCIENTISTS

por Mike Goldsmith (Scholastic, 2009)

SUFFERING SCIENTISTS

por Nick Arnold (Scholastic, 2000)

PÁGINAS DE INTERNET

Para biografías de científicos, ir a:
http://scienceworld.wolfram.com/biography/
y
www.blupete.com/Literature/Biographies/Science/Scients.htm

Asómate al Museo de la Ciencia de Londres:
http://www.sciencemuseum.org.uk/onlinestuff.aspx

Visita la sección de ciencia de la BBC:
http://www.bbc.co.uk/schools/websites/4_11/site/science.shtml

Descubre algunos experimentos y proyectos científicos:
http://www.kids-science-experiments.com/

Índice

AGRADECIMIENTOS

AKG Images: Erich Lessing 60 ab i; **Alamy:** Robert Bird 51 ar, Colección Lordprice 42-43, Medical On Line 99 ar i, Museo de Historia Natural 53 ar, Archivo de Imágenes North Wind 15 ab i, Photo Researchers 100 ar d, The Print Collection 49 ar, Glyn Thomas 57 ab; **Art Archive:** Museo Arqueológico de Nápoles/Alfredo Dagli Orti 16 ar d, Museo Nacional de la Tecnología, París/Gianni Dagli Orti 61 ar, Biblioteca de la Universidad de Estambul/Gianni Dagli Orti 22-23; **Bridgeman Art Library:** Colección privada 30, 36, Colección privada/Archivo Charmet 27 ab d, Museo de Ciencias, Londres, GB 47 ab; **CERN:** 94-95; **Corbis:** 68 ab, Gary Bell, 9 ar, Bettmann 8 ar, 22 ab i, 31 ab d, 37 ar i, 38-39, 44, 62-63, 68-69, 79 ar i, 86 ar d, 89 ab i, 89-99, 114-115, 115 ab d, Stefano Bianchetti 29, Blue Lantern Studio 4 ab, 14, Christel Gerstenberg 19 ar i, Diego Goldberg/Sygma 112 ar, Archivos Historical Picture 26, Colección Hulton Deutsch 88-89, 105 ab i, Tim Klein/Stock This Way 7 ab, Frans Lanting 72 ab, Georgina Lowell 90-91, Jaques Morell/Kipa 78-79, José Luis Palaez 121 ab i, Douglas Peebles 9 ab, Andy Rain/EPA 74-75, Roger Ressmeyer 21 ar d, Colección Stapleton 39 ar, Eberhard Streuchen 6-7, The Art Archive 27 ar i, 37 ar d, Colección The Gallery 13, 34 i, 40-41, 45 ar, Visuals Unlimited 115 ar d, Ron Watts 10-11; **Getty Images:** Bridgeman Art Library: 66, Archivo Hulton 40 c, 92, National Geographic 34-35, 103 ab, Tim Graham Photo Library 15 ar i; **JI Unlimited:** 5 ar, 17, 16 ab i, 28 c i, 31 ab i, **Colección Kobal:** Amblin/Universal 75 c i; **Mary Evans Picture Library:** 57 ar i, 67 ar i, 70-71, 70 ab i; **NASA:** 39 c d, 47 ar, 85 ar, GSFC/

GOES 109, Les Bossinas 93, Lunar Orbiter IV 55 ar i, Robert Williams & Hubble Field Team 119 ar; **Photolibrary.com:** SGM 101; **Photoshot:** World Illustrated 56; **Rex Features:** Sipa Press 120/121; **Science Photo Library:** 33 ab, 46 c, 46 ab d, 50, 59 ab d, 61 c d, 67 ar, 73 ab i, 76, 77 ar i, 80 c i, 80 c d, 83 ar d, 83 c i, 84 ab d, Instituto Estadounidense de Física 51 ab d, 104 ab i, Andrew Lambert Photography 105 ab d, A. Barrington Brown 117 ab d, Bluestone 77 c d, Dr Jeremy Burgess 48 ar, Archivos CCI 51 ab i, Cern 120 c, Jean-Loup Charmet 32 ab, 52 ar d, 62 ab i, 63 ab d, Lynette Cook 108, Colin Cuthbert 82, Victor de Schwanberg 97 ab, Archivo visual Emilio Segre/Instituto Estadounidense de Física 102-103, Eye of Science 110 c ar, Mark Garlick 59 ar d, Tony & Daphne Hallas 102 ab i, Thomas Hollymoon 111 ab, James King-Holmes 77 ab i, 117 ar d, Leonard Lessin 79 c d, Peter Manzel 113, Hank Morgan 121 ab d, NASA/ESA/STSCI/R. Kennicut U. Arizona 103 ar d, Biblioteca Nacional de Medicina 87 ar d, Omikron 111 ar; David Parker 53 ab, 59 ar i, Pekka Parviainen 33 ar, Pasieka 5 ab, 116, Real Sociedad Astronómica 58 ab i, Real Observatorio de Edimburgo 32 ar d, Science Source 96, 117 ar i, Dr Seth Shostak 119 ab, Takeshi Takahara 104/105, Sheila Terry 12, 45 c d, 58-59, Universidad de Pittsburgh 114 c i, Detlev Van Ravenswaay 24-25; **Shutterstock:** 15 c d, Linda Armstrong 54-55 ar, Laurent Dambies 28 ab d, C. Florin 104-107, Stephen Girimont 37 ab, Roman Krochuk 31 ar, Andreas Mayer 6 ab, Anna Subbotina 54 ab, Denis Vrublevski 52 ar i; **Science & Society Picture Library:** NMeM 81, Museo de

Ciencia 20 ar d, 110 c ab; **Topham:** 94-95, 72 ar d, 73 ar d, 89 ab d, 98 ab i, Ann Ronan Picture Library/HIP 63 ar, Charles Walker 38 c, E&E Images/HIP 71 ab d, David R. Frazier/The Image Works 8 ab, David Gamble 118 ab i, John Hedgecoe 118 ar d, Roger-Viollet 19 ar d, 99 ab, Colección Granger 18-19, 71 ar d, 85 ab, 97 ar i, Ullstein Bild 84 ab i, 94 ab i, 94 ab d, 95 ab; **Bibliotecas de la Universidad de Pensylvannia:** Colección Edgar Fahs Smith 48 ab, 60 c d, 69 ab d; **Observatorio Astronómico de la Universidad de Uppsala:** 54 ar; **Biblioteca Wellcome, Londres:** 23 ab d; **Wikimedia:** 20 ab d, 21 ab i, 35 ar, 100 ab i, Observatorio Celsius de Uppsala 55 ab, Steven G. Johnson 112 ab.

El Brown Reference Group ha hecho todo lo posible por contactar a los dueños del copyright de todas las imágenes utilizadas en esta obra. Por favor, escriba a info@brownreference.com si tiene cualquier información sobre copyright.

EDICIÓN ORIGINAL

EDITOR EN JEFE: MIRANDA SMITH
DIRECTOR EDITORIAL: LINDSEY LOWE
EDITOR PARA NIÑOS: ANNE O'DALY
DISEÑADOR: ARVIND SHAH
GERENTE DE DISEÑO: DAVID POOLE
DIRECTOR CREATIVO: JENI CHILD
INVESTIGADORES DE IMAGEN: CLARE NEWMAN, SEAN HANNAWAY
GERENTE DE IMAGEN: SOPHIE MORTIMER